U0265403

CHINESE
INTERIOR DESIGN
YEARBOOK

2018
中国室内设计年鉴

主编：李有为

中国林业出版社

图书在版编目（ＣＩＰ）数据

2018中国室内设计年鉴：全2册 / 李有为主编. --
北京：中国林业出版社, 2018.6

ISBN 978-7-5038-9586-9

Ⅰ . ①2… Ⅱ . ①李… Ⅲ . ①室内装饰设计 – 中国 –
2018 – 年鉴 Ⅳ . ①TU238-54

中国版本图书馆CIP数据核字(2018)第114364号

_____

中国林业出版社 · 建筑分社

策　　划：纪　亮
责任编辑：纪　亮　王思源　樊　菲
装帧设计：北京万斛卓艺文化发展有限公司

_____

出版：中国林业出版社
（100009 北京西城区德内大街刘海胡同7号）
网站：http://lycb.forestry.gov.cn
电话：（010）8314 3518
发行：中国林业出版社
印刷：北京利丰雅高长城印刷有限公司
版次：2018年6月第1版
印次：2018年6月第1次
开本：1/16
印张：38
字数：400千字
定价：680.00元（全两册）

目录
CONTENTS

目录
CONTENTS

Leisure & entertainment

休闲娱乐空间

扭院儿

项目名称 _ 扭院儿 / **主案设计** _ 韩文强 / **参与设计** _ 黄涛 / **项目地点** _ 北京市西城区 / **项目面积** _ 162 平方米 / **主要材料** _ 灰砖、橡木板

项目位于北京大栅栏地区的排子胡同，原本是一座单进四合院。改造的目的是升级现代生活所需的必要基础设施，将这处曾经以居住功能为主的传统小院儿转变为北京城内一处有吸引力的公共活动场所。

改变原本四合院的庄重、刻板的印象，营造开放、活跃的院落生活氛围。基于已有院落格局，利用起伏的地面连接室内外高差并延伸至房屋内部扭曲成为墙和顶，让内外空间产生新的动态关联。隐于曲墙之内的是厨房、卫生间、库房等必要的服务性空间；显于曲墙之外的会客、餐饮空间与庭院连接成为一个整体。室内外地面均采用灰砖铺就，院中原有的一颗山楂树也被保留在扭动的景观之中。

小院儿的使用主要作为城市公共活动空间，同时也保留了居住的可能性。四间房屋可被随时租用来进行休闲、会谈、聚会等公共活动；同时也可以做为带有三间卧室的家庭旅舍。整合式家具用来满足空间场景的这种弹性切换。东西厢房在原有木框架下嵌入了家具盒子。木质地台暗藏升降桌面，既可作为茶室空间，也可以作为卧室来使用。北侧正房也设有翻床家具墙体和分隔软帘，同样可以满足这种多用需求。

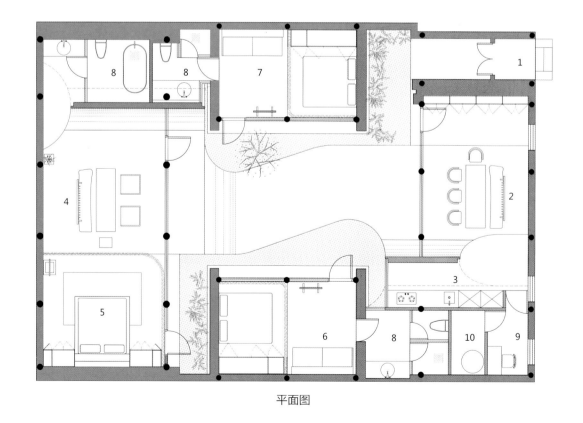

平面图

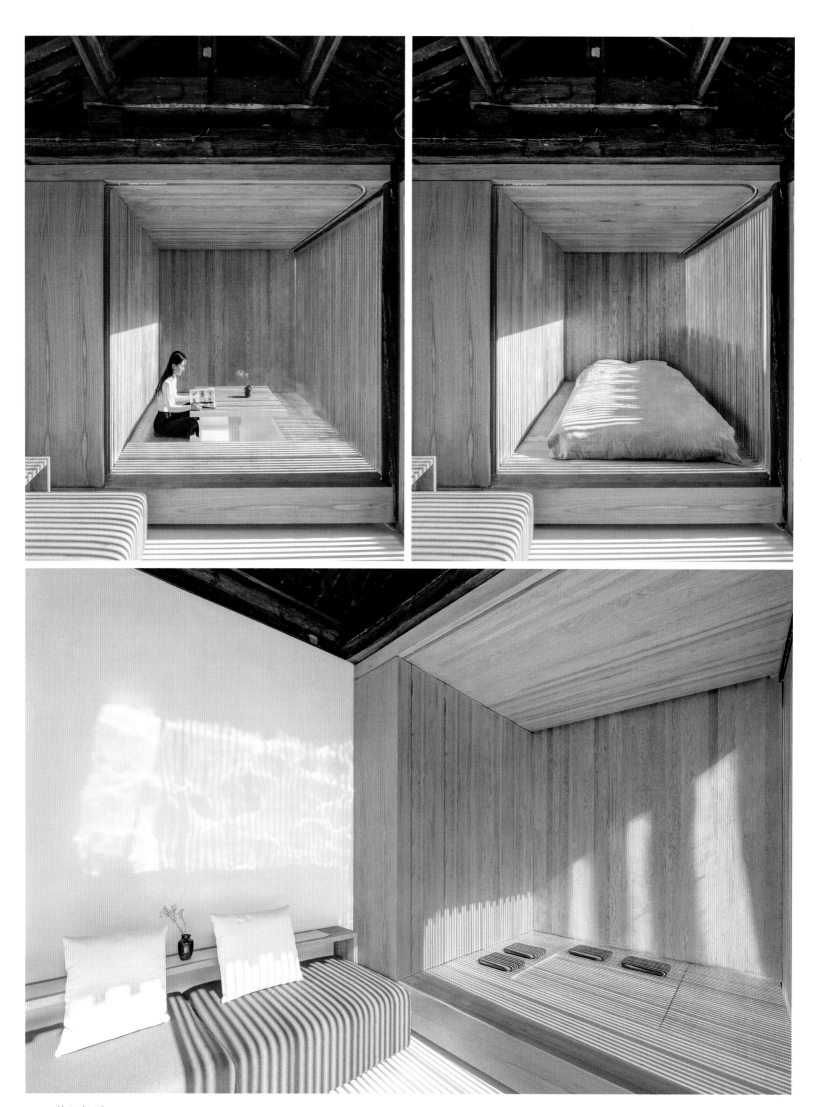

君临天下名苑顶复会所

项目名称 _ 君临天下名苑顶复会所 / **主案设计** _ 韩松 / **项目地点** _ 广东省深圳市 / **项目面积** _750 平方米

都市丛林的名利、欲望已经固化成一种执念，侵蚀我们每个人，迷失、焦虑变成一种无可回避的精神困局，人人都应在麻木与不屑中时刻警醒自己：我们是谁？我们在哪里？我们将要去何方？ 我们冀望以物质空间为载体，通过不同空间功能的思想性，用最本质的生活元素来唤醒人身体的各种触觉感官的敏感度，唤起自身的存在感，从而思考自己、思考人生、体悟生命真实的喜悦和智慧。

将东方建筑园林结合时间性、空间性的行为学审美意趣，融入到室内空间。趣：行走中获取，希望在每一个空间有不断惊喜的人生体验。将东方建筑园林所独有的文字的文学性和哲学性与建筑空间的结合方式应用到室内空间，冀望能给予所有体验者关于中式精致生活的文化价值认同和人生启迪，强调横向、纵向两个空间维度的流动交互。

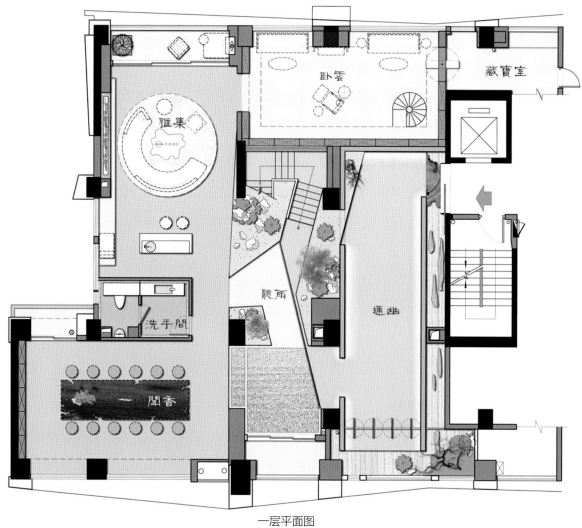

一层平面图

"悬浮"、深圳自由空间 KTV 总店改造项目

项目名称 _ "悬浮"、深圳自由空间 KTV 总店改造项目 / 主案设计 _ 陈昊 / 参与设计 _ 赵亚明、张晋、任熠、李雪云、孟伟、刘胤娅、崔笑怡 / 项目地点 _ 广东省深圳市 / 项目面积 _ 936 平方米 / 主要材料 _ 大理石条块

"我们想做一个不那么像 KTV 的 KTV，但仍想要具备娱乐性。" 基于委托人所说的核心点出发，我们着重考虑了两个问题，首先，如何能与传统的 KTV 不太一样；其次，如何让体验者在一个娱乐场所当中体验特别的娱乐感受，这种特别的体验感受我们称之为"悬浮"。

"悬浮"。到 KTV 娱乐的顾客多是处于半醉状态，这时空间就面临着两种选择，或是让人稍微清醒一些，或是让人持续这种醉意的状态。我们选择了后者，从地面延伸到墙面与天花的线性光源，地面的黑色高反射砖面材质作为辅助，通过实际光源与地面的反射，创造出了一个具有"悬浮"体验感的空间。

点与点的辉映与贯通。整个项目体块分为 4 部分，首先为大堂，其次是第一段走道，第三是 2 层至 3 层的楼梯厅，最后是第二段走道。第一段走道西端是"圆盘"服务台，它是整个大堂空间最醒目地方，也把大堂动线优化为圆润的回字形路线，它是第一段走道的端景也为走道引流，第一段走道的东侧是一个名为"立方体"的实用装置，这里是 2 层至 3 层的楼梯厅，"立方体"装置一方面连接走道与楼梯的视线，一方面又在走道与楼梯之间，围绕着它形成了回字路线，人们可以更加分明地选择上楼或是进入空间的第二段走廊，它是第一段走道东侧的端景，与西侧的"圆盘"方圆辉映。

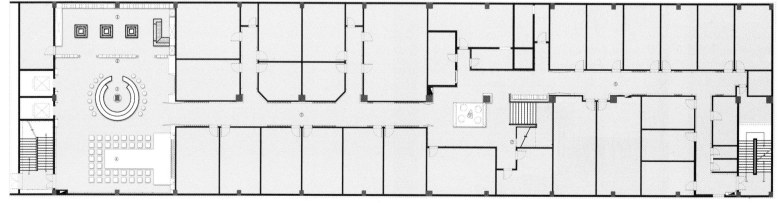

① 展示型自选超市/Display optional supermarket
② 透明展示型酒架/Transparent display wine rack
③ 收银与接待台/Cash register and reception desk
④ 休闲等待区与舞台/Leisure waiting area and stage
⑤ 走道/aisle
⑥ 啃景休憩与吸烟区/Sightseeing and smoking area
⑦ 暗门/Secret door

总平面图

南阳胡同文化院

项目名称_南阳胡同文化院 / **主案设计**_关天颀 / **项目地点**_北京市东城区 / **项目面积**_400平方米 / **主要材料**_青铜、木、石材

400平方米，功能很简单，小客厅、茶室、餐厅、棋牌、影院、酒窖、库房，还有后来设计师"偷"出来的一间"禅"室，落成的使用中更多是"酒鬼"来休息。传统四合院的型制，构建是有其历史原因，是北方民居的代表，抵御北向的寒风，收纳南向阳光，围合一方天地，是当时劳动人民的智慧。型制的演变是体现很多宗族长幼尊卑的礼制。那么问题有很多……空间进化的设计过程，就是一个不断发现问题，解决问题的过程，问题解决了，设计也就完了。

这个大杂院有四合院的一些通病，阴冷潮湿，阳光不足，通风不畅，进深尺度不宜当代人的生活实用习惯。那么在空间布局中，第一，根据现有空间格局安排适用于相应尺度与相应功能的空间；第二，面向院落传统青砖房的开窗大面积拓展，几乎都设计成了玻璃隔断；第三，室内与院落的材料融合，整个表现为地面铺装；第四，公共茶室与小客厅面向院落设置折叠推拉门，在不同天气下室内外空间自由转换，功能与趣味性得以加强；第五，原有木构天花得以暴露，顺势展现建构之美；第六，加入全空气空调系统、新风、地暖、除湿、降尘、降噪等当代住宅前沿科技手段均得已应用；第七，计算了通风量，适当增加北向开窗，建筑被动式通风得以解决；第八，物料使用与灯光氛围积极营造，除了加强室内外视觉中的连贯性，在传统色彩中点缀环境光的营造（灯光是最廉价的装饰手段）木构天花不适于灯具的安装布置，所以加入线性与点状地灯的使用，加落地灯，台灯中间层次光的使用，注重物料肌理的表达与大面积黑（地面）、白（墙面）灰（屋架）形成对比，"粗犷"与精致化细腻处理形成对比，提升空间品质；第九，对园林景观、家具、饰品的慎重选择不在于多，讲究些"留白"这也是设计师与客户共同的认识，在今后使用的岁月中，得以增减，我们与空间的互动不就有了吗？也就是找到了生活美学的乐趣所在吧！

总平面图

南京悦舍食单甜品店

项目名称_浅南京悦舍食单甜品店 / **主案设计**_常辰 / **参与设计**_吴媛媛 / **项目地点**_江苏省南京市 / **项目面积**_141平方米 / **主要材料**_玻璃

新中式甜品店　曾经是冷色调酒吧，现改造成为一家甜品店，试图营造一种东方美味与美学的交融。

半宅半院　项目位于南京市汉口路一栋住宅的首层，住宅与院子面积相等，谓之半宅半院。一半人工，一半自然，互成才是全部。一户普通住宅因为有个院子而不同，设计注重内外之间的关系，增加内外观感的丰富性。南院开敞，强调内外通透感，由内观外，下沉庭院屏蔽了城市的嘈杂，由外观内，阴翳室内塑造了场所的静谧。东院私密，强调内外趣味性，利用院墙和住宅夹角，创造高低错落的空间层次。

整屋营院　院子紧邻东高西低的缓坡道路，略下沉，低于道路，院内西南角有一颗桂花树。原先院门位于中部，现改为西南角，经桂花树下入院。如此经营，保证了院子空间的完整性，桂花树冠如盖，类似遮阴避雨的雨棚。另外，行人由东窥院，下坡逐渐被院墙遮挡，到西端入口豁然开朗，达成了视线与动线的结合。

见微知著　硬装的设计表现欲是克制的，重点在于细节的悉心营造上。例如格栅吊顶的设计，格栅语汇既贯穿屋顶，又与墙、顶、灯产生三种不同的变化。又如窗户的设计，窗台延伸成为餐桌，让内外景观连续。窗户被分为两种看的方式，一种是整面通透固定窗；另一种是小扇朦胧玻璃可开启窗，专为坐视，让人有打开的冲动。

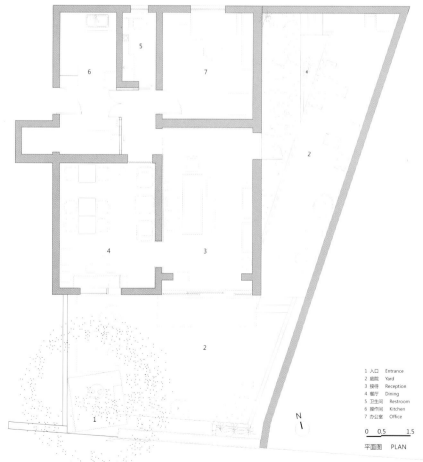

1 入口　Entrance
2 庭院　Yard
3 接待　Reception
4 餐厅　Dining
5 卫生间　Restroom
6 操作间　Kitchen
7 办公室　Office

0　　0.5　　1.5

平面图　PLAN

平面图

馥咖啡

项目名称 _ 馥咖啡 / **主案设计** _ 朱寿耀 / **参与设计** _ 陈烽、梁玲娜、陈丽媛 / **项目地点** _ 福建省福州市 / **项目面积** _123 平方米 / **主要材料** _ 木作烤漆板、不锈钢、水磨石、铁板、马赛克

它是一个充满女性味道的空间。

馥这个字本身就很美，及静及动，而馥本身就常用于女性的名，所以馥咖啡也是如此。

深蓝色的外框配上金色的基色，就好像一件有格调的外衣。植物墙的装点加上月季花的"香水"，这是一位女性的外在形象。夜里的"馥咖啡"又是不一样的感觉，跳跃的球灯此时此刻灵动着，是有故事的，一个浪漫有情调的诗人向我们阐述一个富有女性色彩的空间。所以在这里馥的味道不仅仅是咖啡，在意识形态上它是女性的味道。

馥的动，余馥是动态的，顶上球形的灯具，活跃着馥的形象。仿佛是香气在空间里面跳跃着，空间分隔成有机的整体，坐在其中就仿佛置身于充满咖啡香气的阳光花房。

成为新一代空间享受与自拍的圣地，广受消费者的好评。

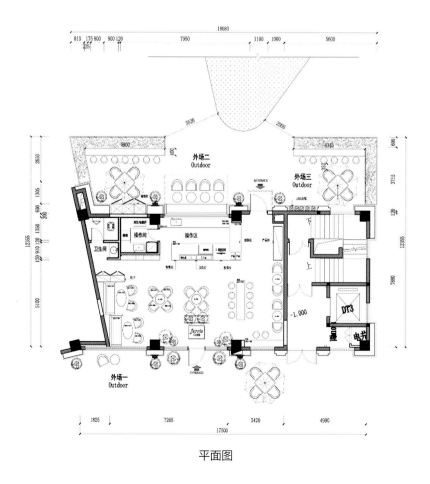

平面图

楼顶竹林间

项目名称 _ 楼顶竹林间 / **主案设计** _ 胡泉纯 / **项目地点** _ 北京市西城区 / **项目面积** _ 220 平方米 / **主要材料** _ 钢、微晶石

项目位于购物中心楼顶最东侧。建设利用的是一块由其他功能用房围合而成的 U 形场地。项目规模不大，占地 320 平方米，建筑面积 220 平方米。空间构筑的手段极其简单。在 U 形场地中插入一个长方体，然后将 U 形开口端用墙体围合以保障私密性；长方体与围合体之间预留了不同尺度的空间，以形成庭院和天井。庭院和天井之内种满了翠竹，营造出建筑位于竹林间的意境。建筑内部功能极为明确，将私密性空间和服务性空间看成不同的"盒子"，"盒子"与"盒子"之间是公共活动区域。

纯净的白将室内所有元素和材料整合起来，营造出极度纯净而抽象的空间氛围。环绕在建筑周边的竹林，暗含对自然的隐喻，其意境使人仿若身处竹林间，尽享翠竹临风的轻松惬意。清丽的光，纯净的白，再加上青翠的竹，使得空间抽象而空灵，人的身心也因而得到舒缓和放空。

该项目所处的位置非常特别，位于一座超大型购物中心的楼顶。委托方想要在这里建造一栋小型建筑，主要用来会客和休闲。这座购物中心位于城区的核心地段。由于体量庞大，消费业态极其丰富，购物、餐饮、娱乐无所不有，消费层级从大众到高端无所不包。这里最不缺的是热闹繁盛，也多的是灯红酒绿。这一独特的场域条件，为设计策略的制定带来了启发——营造一处与周边喧哗环境截然不同的场所。

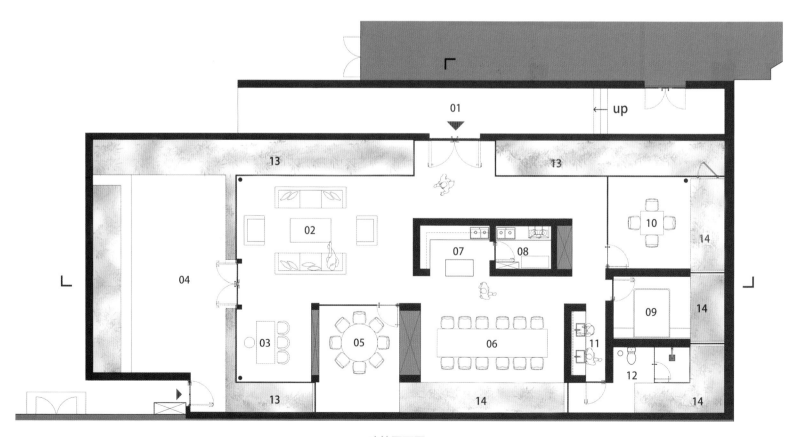

建筑平面图

承茗堂

项目名称 _ 承茗堂 / **主案设计** _ 马先锋 / **项目地点** _ 湖北省武汉市 / **项目面积** _ 400 平方米 / **主要材料** _ 实木、石材、榆木

都会桃源。

在东方禅境的语境下结合汝窑的天青色的一次实践。

移步换景。

全天然材料，比如实木、石材荒料、榆木。

在办公室和家之间待得最久的一个地方。

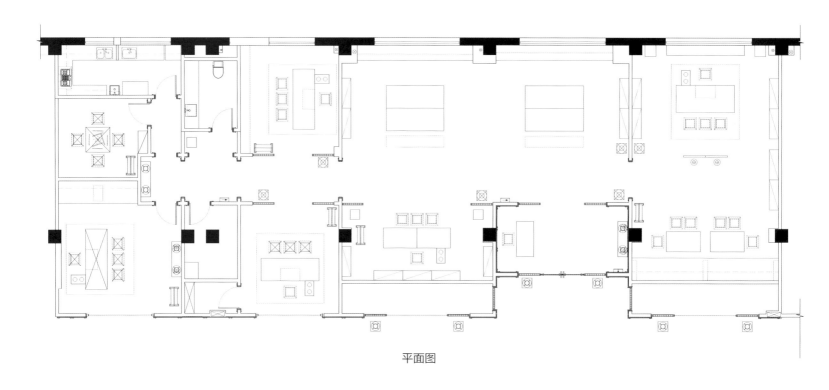

平面图

紫云轩会所

项目名称_ 紫云轩会所 / **主案设计**_ 卢忆 / **项目地点**_ 浙江省宁波市 / **项目面积**_ 3000平方米 / **主要材料**_ 木材

会所之地,寻的是一份悠然清静,车水马龙不如品山鉴湖,颐养心性方为善学鸿儒。

各阶用色多为纯一素雅,却不平庸寡淡。栅栏作隔断用,出现地频繁,规整排布可满足视觉观感,又使空间隐隐若现,层次有加,尤其神秘。栅栏另作灯罩用,只在一处,假山微景,灯照得明亮,光影错落开散,幻美之至可扣人心弦。藏匿于地垫的渐变山峦,追着光束绵延起伏,极为有趣。盆景一二,苍健俊逸,生灵之息由此溢出,加之大体格调的沉着稳重。尊,而显贵。

屋内分区明了,意韵更是雅致,如深秋又似盛夏。与旧友小坐,叙叙家常;接新客初聊,对话今朝,无一不是畅快淋漓。洗手间主选黑白,明暗交错的迷醉朦胧,使格调不减。净白的圆柱台子纤尘不染,正是细节服务的体贴到位。

四方物件是屡见不鲜的,圆形元素也并不少有。吊灯、桌凳、裱框、窗户和镜子,都带着精致得圆润,使人气定神闲,舒心养目。配上长软沙发,围以席帘,隔去现世纷扰,圈起一室谧静。坐上圆鼓的藤编矮凳,悟禅悟己。若是走到了书吧,看一些册子,也合时宜,从中外名著到学术经论,小说、随笔,沏来茶水,茗香伴墨,定能饱读。

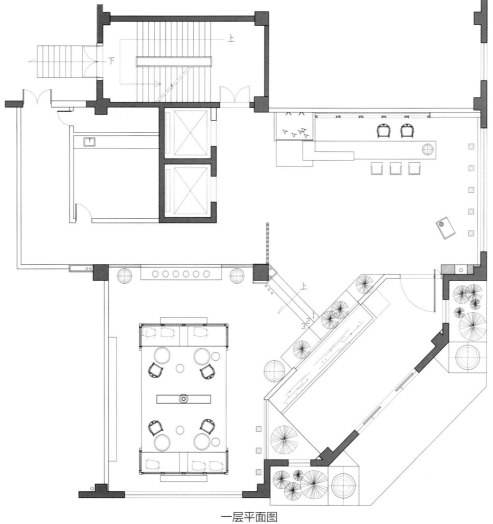

一层平面图

商务会所

项目名称 _ 商务会所 / **主案设计** _ 陆嵘 / **项目地点** _ 北京市东城区 / **项目面积** _ 1000 平方米

展示这个企业之精神与标准等特殊使命。有东方山水意境的新中式空间。

颜色控制上，端庄雅致是搭配的重点。以灰白色系打底，木色过渡，根据区域不同，用朱红、青蓝、竹青、赭石、哑金色等等点缀区分不同的功能主题。

材料选择上，不在于华丽，而是更多去思考怎样的搭配与细节的处理，能凸显出精致不失柔和的细腻感。

每个空间设计师都很用心的设计，代替业主考虑很多问题，就连细节处理都很到位。

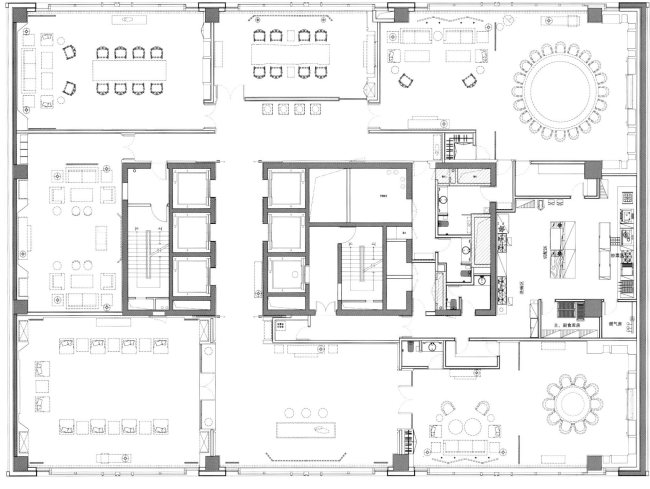

总平面图

欢喜地艾灸养身馆

项目名称_欢喜地艾灸养身馆 / **主案设计**_卢路 / **参与设计**_微微、桑桑 / **项目地点**_浙江省宁波市 / **项目面积**_450平方米 / **主要材料**_原木、清水墙、地坪漆、谷粒乳胶漆

顾名思义，一个让人心生欢喜的地方，在这里，融合中国传统文化的多种元素：琴棋书画，禅茶香花，瑜伽，太极，静坐，当然还有中医。在这里你总能找到一种你喜欢的生活方式慢下来，开始用心生活，慢慢地开始找回丢失的传统……

空间雅致，朴质。采用原木构造，素面围合，打造质朴元素，舒适优雅的当代禅味空间。

空间整体分为公共茶歇和私密理疗：进厅茶歇落座，独立的功课讲堂和禅茶室。经过水吧服务区，通往艾灸理疗区。精致的理疗室。各自取名：自在，欢喜……深入浅显的人生哲思文字做为房名，意味深长。

原木，清水墙，地坪漆，谷粒乳胶漆，质朴素雅的材质演绎空间，更加环保、本质，来源于自然，演绎有温度的空间。

舒适，雅致，不用维护是最好维护，给经营者带来轻松的工作环境，温和雅致艺术空间。

慧舍

项目名称 _ 慧舍 / **主案设计** _ 潘高峰 / **项目地点** _ 浙江省宁波市 / **项目面积** _120 平方米 / **主要材料** _ 水泥、水磨石、铝方通、锈板

办公大楼里的园林空间，它不仅是以茶会友的交流空间，也可以是以烧烤为主题的 party 现场，还是最能直观表达设计师理念的空间体验中心。

由于慧舍的周边大树环绕，让慧舍里面的空气充满了氧气，坐在慧舍里喝茶，人自然便得到了放松。若谈笑间，风满座，得水声入耳，岂不妙哉？为此设计师养竹造景迎水，空间里有了潺潺水声，送锦鲤入池，空间便几分添生趣。

设计师把一个方形的铁盒子置入茶舍和露台之间，取代了原先的封闭墙面，通过可以完全打开的折叠门，完成这个空间的延续。于是，从茶舍进入露台的经历又添惊喜——穿过空间的过程多了榻榻米式的茶室，静谧而又灵动，一个开放空间一个封闭空间，在形成室内外对话的过程中，绿意，阳光，氧气和匠心亲密的融合在了一起。

用真实、简单、自然的材料，打造精致而舒适的空间，一直以来是慧空间始终在坚持的，整个改造选用的是最普通的材料——水泥、水磨石、铝方通、锈板，既是基层和结构也是所见所触的完成面。通过重新组合有了设计感，这是设计的价值。

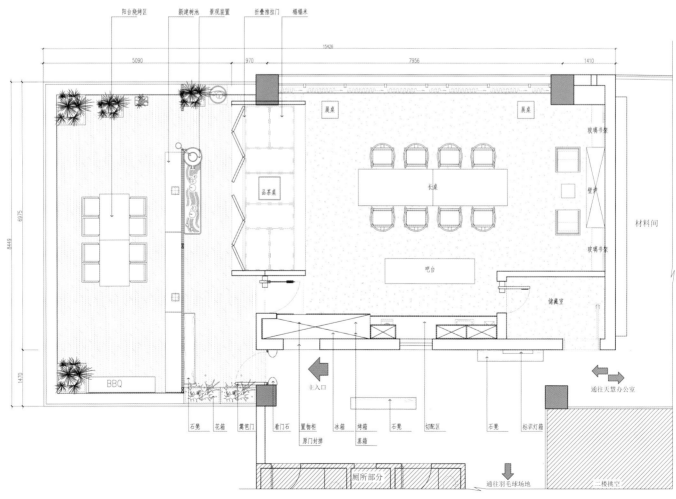

阳台烧烤区　　新建树池　景观装置　　折叠推拉门　榻榻米

15426

5090　　　　　970　　　　　　　7956　　　　　　1410

展桌　　　　　　　　　　　展桌

玻璃书架

品茶桌　　　　　　长桌　　　　　　　　壁炉

6975

材料间

玻璃书架

8449

吧台

储藏室

通往天慧办公室

1470

BBQ

主入口

石凳　花箱　篱笆门　看门石　置物柜　冰箱　烤箱　石凳　切配区　　石凳　标识灯箱　　二楼挑空
　　　　　　　原门封堵　　　　　　　蒸箱

厕所部分　　　　通往羽毛球场地

平面布置图

蜜友会

项目名称 _ 蜜友会 / **主案设计** _ 李健明 / **项目地点** _ 云南省昆明市 / **项目面积** _ 400 平方米 / **主要材料** _ 圆木

随着城市的不断发展，各个行业传统的服务方式已经满足不了各种消费者的需求。蜜友意在打造一个针对其客户群体以体验为主的消费场所。

整个空间只用原木来作铺装，通过材质对比凸显产品。其中大幅的装饰画是店长和她的闺蜜，她用自己的故事来阐述空间理念和魅力。

蜜友的平面布局灵感来自流动的蜂蜜，流畅的空间分割线条满足功能分区的前提下给人舒适的视觉感受。室外阳台用硬朗的线条分割使得室内外形成鲜明对比。

墙面大面积采用圆木阵列，打造一个温暖纯净的效果，木材全部使用旧木料加工拼合，让空间保持最原始贴切的原木质感。

甲方非常满意，设计的还原度非常高，成本控制在预算内。效果超乎意料，影响力很大，对蜜友品牌的打造起到很积极的作用。

休闲沙发
Recreational sofa

室外吧台
Outside the bar

聚餐区
Picnic area

饮茶区
Drinking tea area

休闲洽谈区
Casual discussion area

吧台
Bar counter

造型区
Modelling area

纹眉区
Eyebrow area

财务室
Accounting office

卫生间
Toilet

更衣间
Locker room

前台
Receptionist

卫生间
Toilet

纹眉区
Eyebrow area

艺术品
work of art

特色烧烤区
Characteristic barbecue area

厨房
Kitchen

美甲区
Nail art district

等候区
Waiting Area

储物间
storage room

商品展示区
Commodity demonstration

平面图

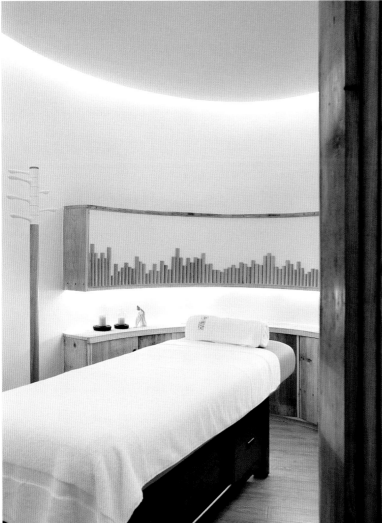

厚茶

项目名称 _ 厚茶 / **主案设计** _ 周方成 / **项目地点** _ 宁夏回族自治区银川市 / **项目面积** _1000 平方米 / **主要材料** _ "土，木，砖，瓦，石"、老砖切片

作品选址在银川市文化城，闹中取静的一处区域，着重于打造一个城市里的清凉地。风格朴拙雅致，让来的每一位顾客步入本案时迅速地沉静下来，暂时远离城市的喧嚣，找回自己的身心，透透气，歇歇脚！

整体风格，雅致，静谧，在本宁夏银川这样的空间属于近年来的第一家。创新点在于，本案是一个由内而外气韵统一的空间，包裹性非常强。

空间布局上，借鉴了中国园林的造景手法，譬如框景，对景。它的风水手法，主要体现了"吉气走曲，曲则生情，情以动人"

选材主要用运了 "土，木，砖，瓦，石"这些与人最亲密的原始材料。低碳，环保，易得。并且使用了大量的老砖切片，既节约了装饰成本，又达到了装饰效果，一举两得！

用户普遍评价：整体空间雅致，静谧，进入空间能够迅速安静下来！目前二期正在扩建中。

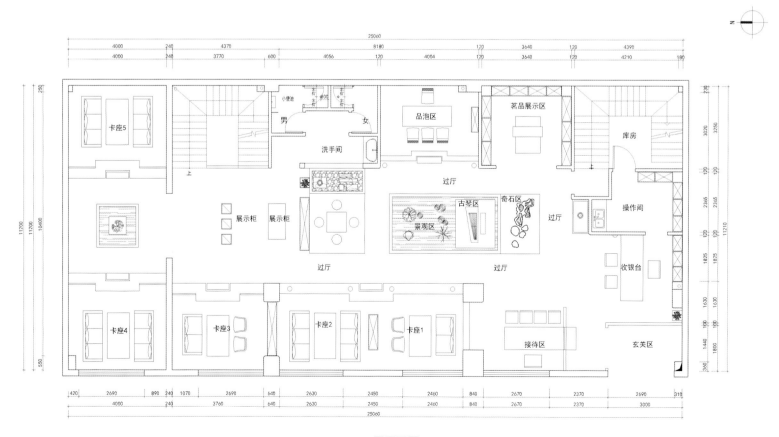

一层平面图

Office

办公空间

创意孵化基地

项目名称 _ 创意孵化基地 / **主案设计** _ 赵睿 / **项目地点** _ 上海市浦东新区 / **项目面积** _4300 平方米

创意孵化基地，是上海世博会时留下来的临时建筑，这些年里，也换了好几个业主，他们对建筑物的室内都进行过不同程度的改造，所以最终留下来的内部结构相对比较复杂。甲方希望做一个公益性的项目，免费提供给设计师办公，以及进行家具的展示等。

在接受设计任务之前，结构改造已经开始在施工了，到了工地现场，被现场的内部球形网架及错综复杂的裸露钢结构震撼了。在多次结构改造过程后，原有的结构框架已变得十分混乱，但没想到，这无意的混乱，却天然地透着一种能瞬间打动人的力度和美感。所以，保留并将原有球形网架的钢结构暴露出来，延伸原有钢结构的穿插痕迹，就成了我们整体设计的基本方向和手法要求。为了将这种裸露凌乱美的感觉表现出来，设计中特意没有避开墙体与原结构硬撞的痕迹，而是让其像雕塑一样存在于墙体上，形成一幅立体的画面。

在这个公益性的项目里，应该有一个很大的公共活动区域，提供给大家举办活动、交流、酒会、发布会、演讲会等等，所以，功能分区设置了办公室、公共区、产品展示区、会议室、咖啡厅等，这样，空间的活跃度很好，空间与空间之间也能对上话。为了打破常规办公楼局促感和紧张的气氛，室内还种植了很多植物，设置了多重楼梯，人在空间里可以自由走动。

另外，原有的建筑是单层膜结构，整个室内的能源损耗会很大，为了节省能源，同时，又能将现场球形网架的气势和裸露结构的美感保留下来，我们跟材料公司协商后，在室内加多了一层透明膜。通过膜结构，自然光会照进整个室内，那么在主色调上，我们就选用了比较浅的灰白色和原木色组合，这样第一感觉很轻松，也很符合空间的多变性，例如，在举办活动或者展示家具时会经常改变平面布置，干净柔和的浅色调就可以让它变得更容易实现。

空间中保留原裸露凌乱美的感觉，甚至强化它，使其更具立体美。考虑节能，同时保留原气势和美感。打破常规办公楼局促感和紧张的气氛，让人更加自由在空间中行走。

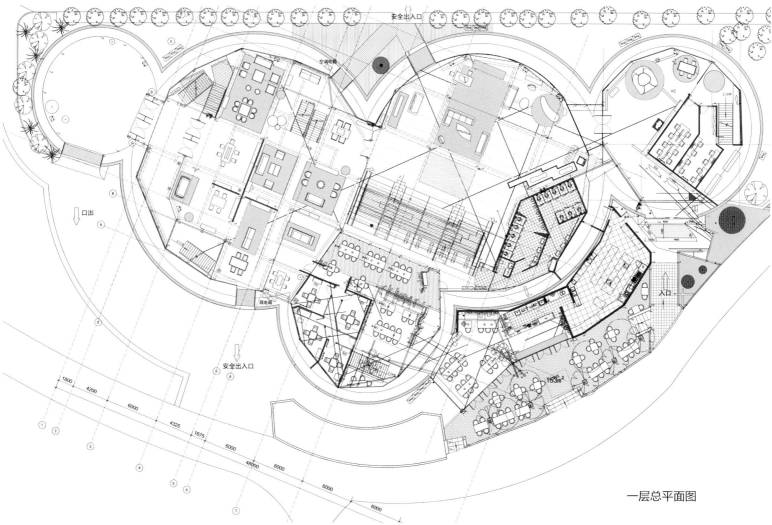

一层总平面图

神州优车集团新总部

项目名称＿神州优车集团新总部／**主案设计**＿罗劲、张晓亮／**参与设计**＿莱依、唐哲、李立立、王文惠、李辉／**项目地点**＿北京市海淀区／**项目面积**＿20000 平方米／**主要材料**＿冲孔铝板、木饰面、石材等

神州优车集团新总部的设计引入了"超级互联"的概念。"超级互联"办公系统的核心就在于：1）发挥办公空间的开放性和包容性，功能高度复合；2）营造场景化的办公方式，激活工作热情，提升创造欲望；3）搭建高度联通的精神和物理层面的办公环境，促进内部沟通，增加相互联系，通过对于"超级互联"精神的探索，整个企业的价值观也能够充分得以体现。

改造后的神州优车集团新总部，建筑面积 20000 平方米，整体结构形式为钢架结构，共 2 层，局部有夹层，共可容纳将近 1700 名神州人同时在此办公。艾迪尔对原有厂房空间进行了自外而内的梳理和改造，建筑外立面保留了原有的钢结构框架，整体覆盖黑色镂空钢板，并穿插了两个盒子体量的建筑空间，一层是咖啡厅，二层是悬挑出来的走廊，通透的玻璃材质让这两个盒子体量的空间就像广告橱窗一样，对外展示着员工忙碌工作的身影。

建筑首层空间被闸机分成两部分：对外的展示接待空间和对内的办公空间。闸机后面是一条主要道路，被称为"主街"，整个办公区的空间回路就是由这条主街和不同的分支路线所构成，它们串联起了不同大小、功能、风格的空间，而这些空间共同形成了一个巨大的超级互联办公体系，就好像大脑神经系统一样，各种信息每天都会通过这个超级系统传递流转。

最重要的部分是超级互联办公区域，几处楼板的打通，不但引入了自然天光，更带来了错层连通的无限可能。在这里不计其数的连桥、隧道、滑梯、索桥、绳网，串联起公司各个部门，也让穿行其间的过程不再枯燥乏味。位于建筑顶部的高级管理区域，采用了合院式布局，办公室和会议室围绕着一个小小的院落空间布置，院中有怡人的绿植，优雅的茶台，富于禅意的枯山水。天光从屋顶开窗处倾泻而下，整个小院阳光明媚，让外来客人能有一个安静的交流洽谈场所。神州优车集团新总部像是一个微缩的小城市，员工就像城市里的居民，"物联网"时代的大环境下，各行各业都在日新月异的发展和变化，而"超级互联"，则是这场革命过程中的必然趋势，以此为前提打造的神州优车集团新总部，力求提供全方位的服务来帮助大家建立"超级互联"的办公系统，希望通过对于"超级互联"的精神探索，来体现整个企业的价值观。

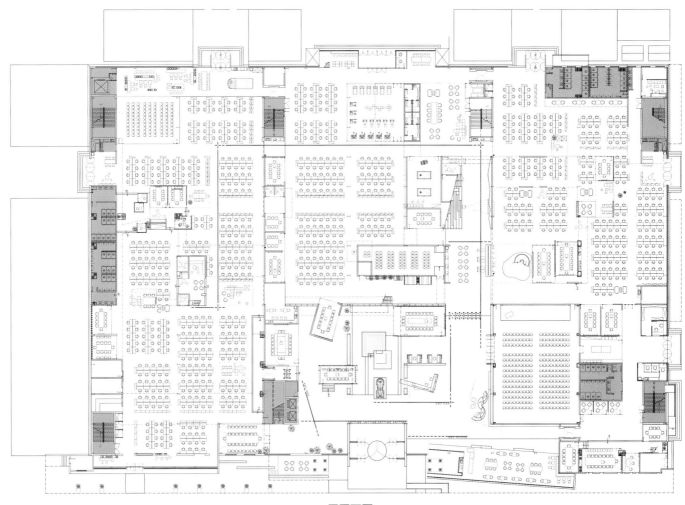

一层平面图

"未完成"的办公室

项目名称 _ "未完成"的办公室 / **主案设计** _ 解方 / **项目地点** _ 上海市徐汇区 / **项目面积** _ 1600 平方米 / **主要材料** _ 聚碳酸酯中空板

保持未完成状态，保持谦卑、开放和对未知世界的好奇，保持自由、真实和有趣，这是我们对这个项目的定位和策划，我们希望让空间呈现一种放松的"未完成"的状态。

项目场地是一个老航天厂的仓库，我们保留了仓库的原始框架，仅对原顶面进行了简单的修补及翻新，同时，在厂区整体改造时增加了顶面的采光天窗。我们想让空间呈现出一种未完成的状态，这种未完成的状态可以让人心生淡泊、保持谦卑，可以让人明确目标，不随波逐流，可以让人心态开放，充满对未知的好奇心。

我们在空间中局部搭建了二层，并将大部分主要办公区及员工休息区设置在二层，这样员工在办公室就可以通过顶面天窗看到户外的天空，感受到阳光洒在座位上的舒适感。同时，为了也兼顾到一层区域的办公及部分会议室的使用，我们在二层楼板不同区域的位置开了大小不一的洞口，并在一层洞口下设置了绿植及围绕绿植的洽谈区。这样在垂直方向上同时满足了一层对阳光的引入及二层区域的大型绿植的空间介入。业主在空间功能上提出了服装品牌独特的需求，即可满足品牌不定期发布会的走秀活动。所以我们在对空间公共区域动线进行设置时，也考虑了两层之间动线环通的必要性及增强空间动线的漫游感。

我们大面积使用了聚碳酸酯中空板来作为空间的隔断，并结合不同高度的使用，定制了透明及半透明两种规格的板材，这样可以在保证采光、隔音的基础上，最大限度地降低施工成本。空间中使用了建筑搭建中常见的脚手架，并将这个模块应用在整个空间之中，脚手架在正常建筑搭建中是一种过程中使用的辅助框架单元，当建筑饰面完成时，也就意味着脚手架的使命结束，而我们希望将脚手架变成空间中的主角，让他呈现自己建筑使命中的"二次利用"。

业主是一家年轻的女装品牌，是设计师送给自己女儿的礼物，希望女生可以保持自由、真实和有趣的本质。我们希望空间也可以呈现出同样的品牌精神，在项目完成后，业主充分感受到空间开放、自由、轻松的整体氛围，并利用场地完成了两场走秀及媒体活动，形成了非常好的品牌传播效应。

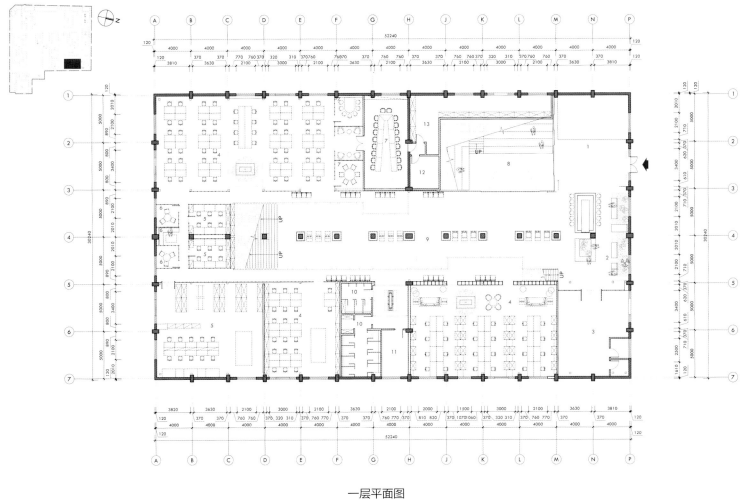

一层平面图

江门保利国际广场办公室

项目名称 _ 江门保利国际广场办公室 / **主案设计** _ 陈俭俭 / **项目地点** _ 广东省江门市 / **项目面积** _ 81 平方米 / **主要材料** _ 木作工艺

本案为现代简约设计，清水混凝土的加入也是简约风格的重要元素之一，它所呈现出来的沉静与素雅，营造出一个人间静美的公共空间。绿植与木的加入，植入环保与可循环再生的绿色理念，营造出一个干净、简约、时尚的设计工作室。

前区的落地玻璃设计让阳光与风自由往来，室内通透而又温馨舒适。洽谈区墙上的展示柜以几何风格进行处理，别出新意且与整体简约风格高度契合。一块圆形地毯巧妙地将洽谈区从视觉上独立开来。背景墙上黑白大泼墨的服饰装饰画，与不规则沙发的配搭，充满美的张力。休息区温馨而又充满善意，木屏风既是装饰，又巧妙地对空间进行隔断，阳光透过木制的窗帘偷溜进来，光与影的交织在空间里自由舞蹈。

以木作工艺为主，凸显了环保简约的设计风格，天花板上的吊灯利用粗毛线制成，为简约的设计增添几分幽默与俏皮。

设计技巧不是很多新技术，更是通过艺术的生活理念传达。

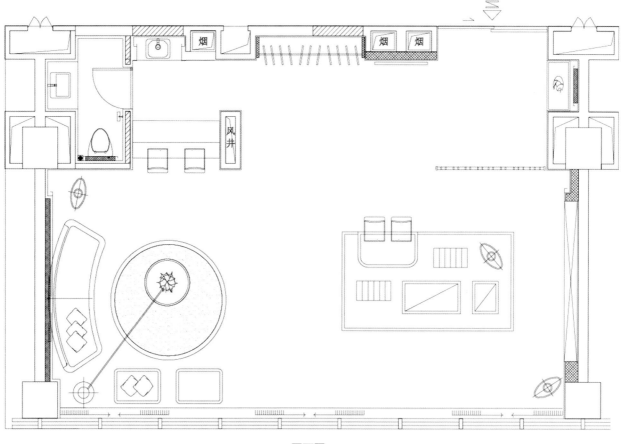

平面图

tutorabc 台北办公室兼体验展示中心

项目名称_tutorabc 台北办公室兼体验展示中心 / **主案设计**_陈威宪 / **项目地点**_中国台湾 / **项目面积**_4600 平方米

此次作为位于台北市高端商业、政治核心的地段，设计师打造的是一个充满未来感的体验展示中心，兼容展示客厅时空交错的未来感，也包含员工趣味办公的灵活机动和趣味性；一楼的区域主要作为未来世界网络教学示范体验区，地下室地位于讲堂区域，如哈佛讲堂。二楼三楼主要是办公和员工休闲活动区，兼具对外展示的功能。

原先的结构只有两米四左右的层高，空间格局都是小单元，为了做到视觉流畅，设计师把空间打通、开放，把原先的中庭变成户外景观。为了解决层高的问题，设计师把大部分的天花都裸露，不做太多的造型，以减少压抑感。从三楼到一楼设置了一个大型滑梯，直通一层圆形地球 LED，旋转梯绕着地球滑下来，带来视觉冲击力和童真趣味。 在色彩运用方面，设计师也十分大胆，在一个活泼的空间整合偏暖调的几个色系，使用最纯的原色彰显不同功能区的性格，在适度的调和与把握中兼具了视觉的愉悦和舒适感。

整个设计不仅着眼于细部的装饰，更是用空间感、家具的区隔来制造一些互动关系，在分区明确的同时，用一些公共空间诸如中庭 LED、户外景观中庭、滑梯来串接，融入非常童真的元素，比如旋转木马、降落伞等，打造出自由奔放的视觉效果。

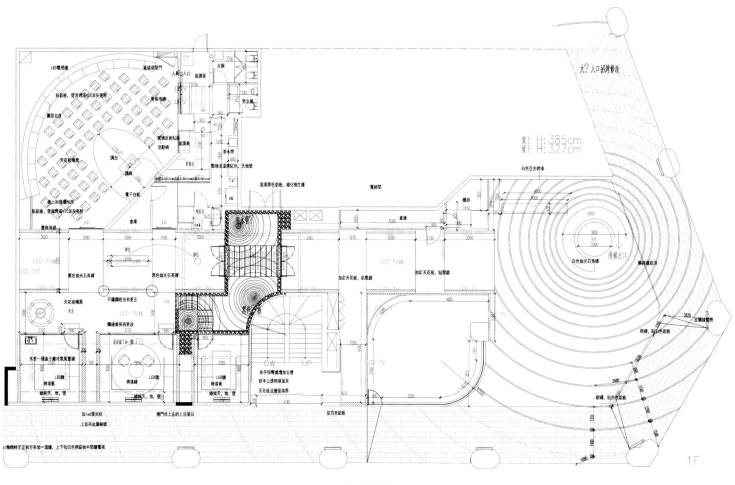

一层平面图

空间设计打通科学与大众
的信息隧道——医疗科技机构安可济总部设计

项目名称_空间设计打通科学与大众的信息隧道——医疗科技机构安可济总部设计／**主案设计**_斗西／**参与设计**_刘鑫雨、梁薇玥、于鸿宇、徐健聪、谭志滔／**项目地点**_上海市黄浦区／**项目面积**_1150平方米／**主要材料**_穿孔天花、木格栅曲面墙、毛毡板墙面

安可济建筑的原本外立面是中国20世纪80~90年代盛极一时的仿欧式装饰风格，显然与现代的科技发展与审美倾向不符。由于城规方面种种限制，外立面不能过度拆除，我们希望改造后既有现代科技美感，又能传递行业属性。最终借用了科学家的基因测序图谱概念，将其附着在外立面上，通过控制竖向线条的节奏变化，弱化立柱的厚重和呆板，形成一个不规则排列的"图谱"立面。

安可济的面积为四层1150平方米，建筑外立面改造加室内设计项目，主要功能有一层的医疗接待区和二到四层的科研实验办公区。在完成了功能合理分布的基础上，我们把设计的重点放在了医疗科学家和普通大众消费者不同人群眼中对于同一个空间以及空间中的设计语言的应用和解读。从空间设计的角度以达到帮助安可济实现科技与大众建立连接的时代目的。安可济的一楼是项目的重点，设计上要在传统认为很不易利用的圆形空间内，尽可能地容纳最多功能，我们顺势而为，提出了一个"剥洋葱"的空间设计策略，通过巧妙地规避矩形框架下的立柱结构，从室内到室外呈现出一层层的弧形体验空间。宣教展示隧道处在整个项目的几何正中心，也是最能体现安可济当下急切需求的向大众介绍什么是DNA精准医疗的核心空间。

宣讲展示隧道内的展示面板结合了光电的效果，通过手机可以控制发光的方式来呈现高科技医疗宣讲的内容，体现高科技形象的同时，可以使得顾客跟随光线的律动快速了解高科技医疗的原理。因为安可济面对的高端客户需要格外的保密性，材料上对于隔音吸音要求非常高，但是传统的吸音板材并不能满足我们对于材质质感的要求，所以我们特意在选材的时候挑选了一些肌理丰富的材质，比如说穿孔天花，木格栅曲面墙，毛毡板墙面，包括窗帘的选材等，都在一定程度上起到了吸音的效果。

对于科学家来说，设计中的细节设计，比如说ACGT密码屏风，DNA测序图案墙等多种软硬装饰对于工作在此的安可济科学家来说，有一种严谨而熟悉，且区别于普通大众的解读。

整个过程下来，体验过的顾客对所讲解内容明显具有较高的理解和印象。项目处在一个欧式建筑氛围浓郁的办公园区，外立面上为了突出高科技的调性，在没有大动的基础上，采用轻质铝材做了些有韵律的竖线条，与周边环境形成了强烈的对比。来此的顾客可以非常容易地辨认并联想到安可济高科技医疗的形象。

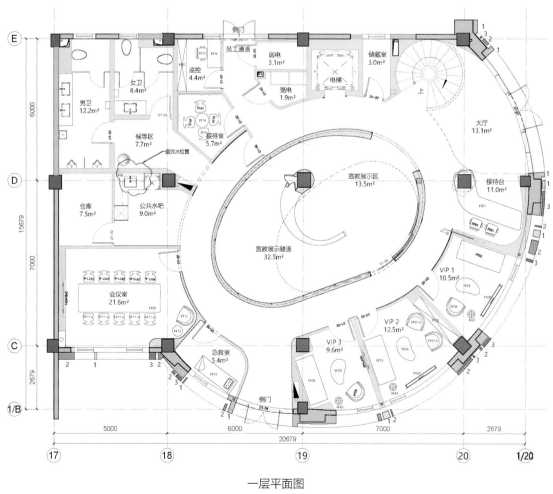

一层平面图

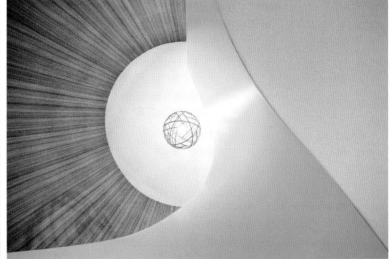

1979 室内设计有限公司

项目名称 _1979 室内设计有限公司 / **主案设计** _ 杭国华 / **项目地点** _ 江苏省南通市 / **项目面积** _660 平方米 / **主要材料** _ 天然石材和木质

本案位于南通城区核心区域的创业园区，原址是一个破败的旧仓库危房，给后来的整个建筑规划提供了广阔的拓展空间。整个建筑在原有的基础上进行了大刀阔斧的结构加固和改造。徽派建筑的庭院式构造，外观到内部空间的整合映衬使得整个建筑清新优雅别致。

整个作品运用写意的手法融合中国庭院式造景，外景内造，环廊窥境。以黑白灰为基调。用简约的线面勾勒出一个江南小院的别致，移步易景贯穿了整个空间，环境与人有机融为一体，以求达到更高的人居和谐。

空间布局上运用了中国传统徽派建筑的四水归堂，典型的藏风聚水的格局，楼层间通过天井、环廊上下衔接、呼应。整个空间围绕天井进行布局，使得空间上更显灵动。四联玻璃屏风把树影婆娑，鱼贯池中的怡人美景融合到中心区域的茶席之上。品茗会友成为一层主要活动，氛围轻松。整个空间设置多出茶歇，三楼是空中花园，作为公司内部交流和外界沟通的一个重要场所。

在设计选材上尽量选择环保低碳，减少材种多样性的使用，用天然石材和木质，白色成为整个空间的基调，降低造价成本。

创造一个人居和谐的空间，身临其境感受一股清风徐徐，水声潺潺。在其中办公、交流更显轻松。给不同到访者一种全新的体验。

一层平面图

广华办公室

项目名称 _ 广华办公室 / **主案设计** _ 胡志强 / **参与设计** _ 费云寿 / **项目地点** _ 广东省深圳市 / **项目面积** _ 1873 平方米 / **主要材料** _ 水泥抹灰层

设计就是找回其本来拥有的美，广华办公室项目其实是对此理念的一次探索与尝试，这是一栋年份并不久远的办公室空间，但依然有着自己独特的特质。天花上有各种管线及巨型的空调风口，墙面上有最常见的水泥抹灰层，地面是之前装修留下的水泥找平层。似乎一切并没有时间或某种特定历史留下的痕迹，那么如何去寻找这个空间的独特特质？又如何让原有的特质之美被找寻回来？这是接下来重要的课题。

进入空间的体验状态时，你会惊喜于呈现在感受里的是化学反应后的空间……好的空间最终会在精神层面上与人发生互动对话，并产生某种共鸣……

首先是空间功能的满足是基本的需求，空间的关系是这个项目的基调。因为之前的楼层单层面积较大而且由于结构的原因已有两面巨大的实墙把空间进行了分隔；而且柱子与原空墙呈穿插状态令到巨大的墙面并不平整，所以设计师在新增加墙体减少实墙的应用、让空间相互渗透的同时让自然采光尽可能地充分，关键在设计上原有的实墙与新增的虚墙的互动，会丰富空间的节奏并为良好的空间意境创造基础。 其次，当空间的节奏出来后，接下来就是界面的质感了，原有的水泥抹平层乍一看质感并不突出，但把墙面的局部处理成光洁的白色之后，情况就完全不同了。结果是白墙更整洁的同时水泥面也更有质感了。新增加的墙是竖向的线条（旧木回收）与墙体形成了丰富的对比与叠加效果；这时对天花做了简单的统一色调的动作免于过于繁杂，在天花与立面的交界处，地面与立面的交界处做了一个动作：试图让空间的界面关系更加严谨清晰。

墙面的局部处理成光洁的白色之后，白墙更整洁的同时水泥面也更有质感了。新增加的墙是竖向的线条、竖向的实木线条是用工地旧木回收与墙体形成了丰富的对比与叠加效果；这时对天花做了简单的统一色调的动作免于过于繁杂，在天花与立面的交界处，地面与立面的交界处做了一个动作：试图让空间的界面关系更加严谨清晰。通过对家具的陈列，来表达出对一种新的生活方式方向来进行尝试，让人在空间的行为上有一种明确的指向性。设计师想通过空间，让大家回到基本动作上，去发现我们每天忙碌的，依然是水泥、瓷砖、工艺、工人、会议。一些具体而琐碎的东西似乎杂乱无序，但这当下每一个动作都决定着你空间里孕育的那个生命。

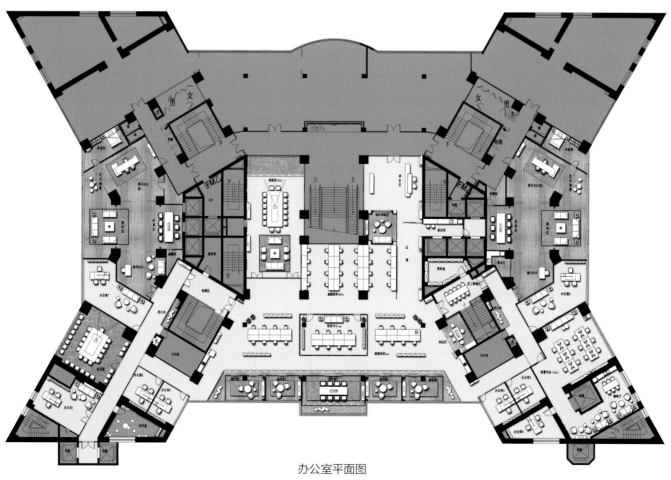

办公室平面图

陋室

项目名称 _ 陋室 / 主案设计 _ 李康 / 项目地点 _ 江苏省常州市 / 项目面积 _ 200 平方米 / 主要材料 _ 混凝土、硅藻页岩、金属贴膜、玻璃砖等特殊的装饰材料

本项目定位为高端室内设计机构，位于红星美凯龙 MALL 中，如何去凸显设计机构与常规品牌材料专卖门面的不同显得尤为重要，因此在设计中利用 MALL 层高的优势，确立了在 MALL 中建造 HOUSE 的概念，由于 MALL 没有自然采光，所以在整个外立面的处理上采用了大面积的通透材质，通过灯光的运用让这个空间成为 MALL 中独一无二的亮点。

此项目位于 MALL 的中心位置，四面均为通道，犹如独立小楼，占地面积 200 平方米，在空间规划时只做了局部的二层搭建，让整个空间产生不同的高度变化，通过空间高度划分不同的功能区域。

本案在设计选材上采用了混凝土、硅藻页岩、金属贴膜、玻璃砖等特殊的装饰材料，由于项目实施时间紧，大面采用进口硅藻页岩以最大限度降低装修过程中产生的有毒物质污染，环保效果非常明显，混凝土的运用在整个空间中增加了自然粗犷的视觉效果，使用成本也不高。而金属贴膜是对于新材料的尝试，原本设计中希望体现混凝土与黄铜金属质感的对比，但黄铜的成本过高，所以采用新材料代替，既能控制装修成本又能达到设计要求的质感。最大的亮点在于大量玻璃砖的运用，用玻璃砖建起 6 米高的玻璃墙，利用玻璃砖的特性，既能代替墙的作用，同时能让整个 HOUSE 晶莹剔透，光芒夺目。

此项目最终的效果出奇的吸引眼球，在整个红星美凯龙 MALL 中独一无二，红星商场和客户都对此赞不绝口，整体的效果也符合高端设计机构的整体定位。

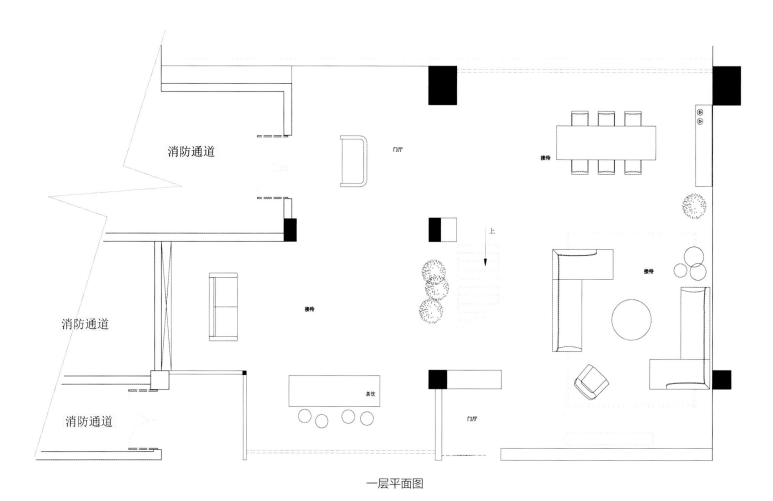

一层平面图

乐建设计有限公司办公室

项目名称_乐建设计有限公司办公室 / **主案设计**_孙玮 / **参与设计**_孙明 / **项目地点**_安徽省合肥市 / **项目面积**_200 平方米 / **主要材料**_白色乳胶漆、钢板铁件、玻璃、仿大理石地面瓷砖

家具卖场内办公空间。此公司主要从事设计及施工一体、不希望装修公司的内部空间设计复杂化，所以设计采用了极简的设计手法。

现代中式极简的处理手法，细节化的设计让空间更干净舒适。

采用中式园林的设计借景手法，让空间曲径通幽、疏可跑马、密不透风。

白色乳胶漆、钢板铁件、玻璃及仿大理石地面瓷砖。

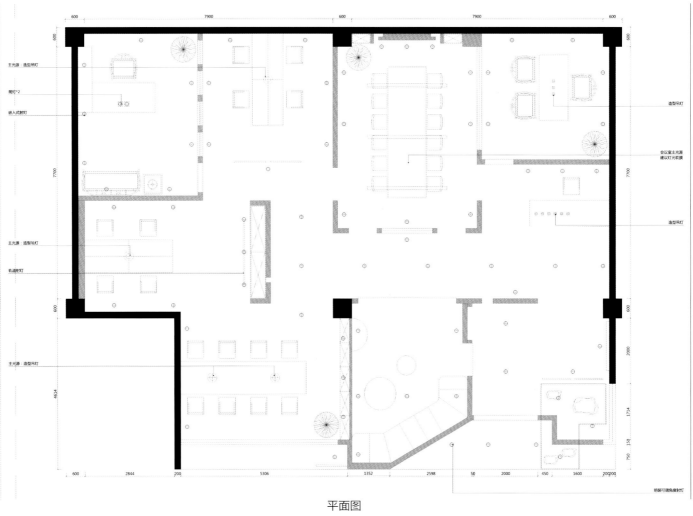

主光源：造型吊灯

筒灯*2

嵌入式射灯

主光源：造型吊灯

轨道射灯

主光源：造型吊灯

造型吊灯

会议室主光源
建议灯光软膜

造型吊灯

明装可调角度射灯

平面图

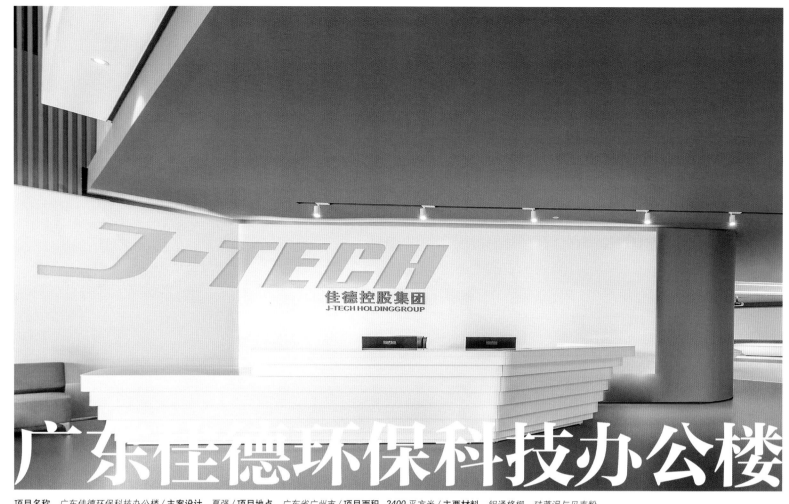

广东佳德环保科技办公楼

项目名称_广东佳德环保科技办公楼 / **主案设计**_夏强 / **项目地点**_广东省广州市 / **项目面积**_2400平方米 / **主要材料**_铝通格栅、硅藻泥与贝壳粉

打破传统无阳光、空间不大、封闭、杂乱的办公环境，让空间对话交流，让室内通风、采光、绿色环保、企业形象的提升得到很好解决，在国家环保科技企业领域，将企业的文化及内涵以全新的表达展现，为行业学术领域提供良好的交流平台。

主题明确，以环保科技的管道元素及电离空气时的颜色形成的环保之树，将企业文化融入整个设计，同时预示企业欣欣向荣，枝繁叶茂的企业之树。

空间流线以人为本，注重空间节奏与秩序，将功能与空间属性融合，收放有序，空间的对话与交流，通风采光，以绿色环保理念为本案成功亮点。

外立面采用铝通格栅，因外立面朝西面，减少太阳光直射室内，不影响通风效果也可以起到隔温隔热的作用，同时也可以让外立面企业形象突出，租赁到期也可以恢复原建筑面貌。室内大量选用绿色环保材料硅藻泥与贝壳粉，吸收空气中的甲醛及对人体有害气味，更快地让企业投入使用，重点空间选用特制软膜与灯光结合定制主题造型，让灯光柔和接近自然光效果，地面采用地胶及地坪漆，更容易清洁打理。

政府领导、国内外专家学者及国内外企业客户都给予很高的评价，科技感及主题元素强，在当地具有标志性的环保企业特色。

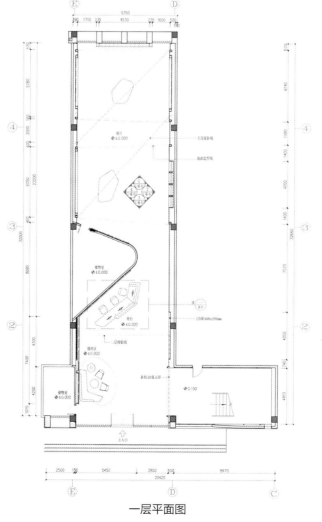

一层平面图

意源·尚境

项目名称 _ 意源·尚境 / **主案设计** _ 真志松 / **项目地点** _ 福建省福州市 / **项目面积** _ 150 平方米

本设计崇尚自然之道的设计符号表达方式，在颠覆传统的新中式风格中加入日式与北欧的元素，设计意义更倾向于"外师造化，中得心源"的性情表达。

木饰面板、中庭木质格珊，不仅蕴含着对取于自然的设计材料的探索，更采用空透式分割方法，借鉴如江南园林的设计语言，产生框景、借景、移步换景等美学新视角。

主空间灰漆缔造了一个肃静的底色，让木有了更具生命的多样化表达姿态。

以规律的圆灯、圆镜、长方桌、格状博古架，借物喻志地带出设计作品中涵盖的尚圆满与中正之气的抽象艺术情感。

中庸道："曲能有诚，诚则形，形则著"，这方诚意之作，加以实木中所蕴诗和禅的介入，更许作品不少清风、明月、高山、流水的神怡情的联想空间。

客户非常认可。

平面图

Exhibition
展示空间

mrboth

项目名称 _mrboth / 主案设计 _ 胜木知宽 / 参与设计 _ 小林正典 / 项目地点 _ 上海市静安区 / 项目面积 _370 平方米

以前，mrboth 坐落在上海红坊雕塑艺术创意园区。
但因为红坊要重建开发，他决定离开红坊。
他失去了红坊，成了一个 NOMAD(漂泊者)。

mrboth 尽可能地向远方行驶， 只随身携带行李和旅途中的记忆。
他抵达的第一个临时休息地，是上海静安区愚园路 546 号。
不过，他不知道可以留在这里多久。
所以他决定创造一个灵活多变的会所。

会所要有咖啡厅、酒吧、活动区、发布会展厅、售卖区等功能空间。
为了让会所根据不同情况，混合不同的功能，他用活动家具进行布置。

这个布置方案的挑战是：家具单元要高效地移动。
因此，他设计并制作了拖车，让它成为长凳、展示台、吊架、黑胶唱片展示柜等。
于是他的拖车可以带着多种多样的功能跟随他轻松地去往下一站目的地。

mrboth 说，人生是一场旅程，旅程是一段人生。
我们都是人生的漂泊者，我们都是 mrboth。

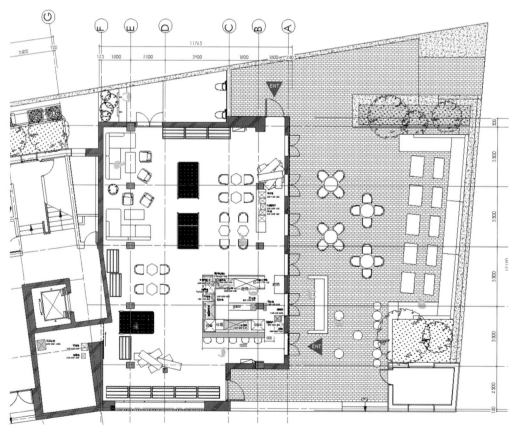

平面图

武汉金易金箔文化艺术馆

项目名称 _ 武汉金易金箔文化艺术馆 / 主案设计 _ 刘飞 / 参与设计 _ 路明 / 项目地点 _ 湖北省武汉市 / 项目面积 _ 360 平方米 / 主要材料 _ 水泥板

需要展示主体为黄金含量 99.99% 的金箔艺术，并且要介绍金箔的历史与文化。而且需要满足设计师培训、沙龙聚会、拍照留影、商洽、金佛塑像展示、艺术品展示、金箔材料与传统金箔加工工艺的展示等多种功能。 但是，业主只有 800 元 / 平方米预算，要搞定硬装、软装、空调等设施。

以何诠释"金"？阳光透进大地，云气引发蒸腾，树木（木）、河流（水）、山川（土）、心中燃起的火种！万物生"金"。

需置入繁多的功能模块组合，并使之交融与共享。设计师说服业主将原本隔成若干间的小房间全部打开，将各个功能整合在大的空间中，商洽或者是沙龙间隙可以欣赏展品、在龙椅装置前拍照留影，体会金箔材料与传统金箔加工工艺的展示。设计师的培训也可以在开放式的展厅中完成。

低造价与展品的高价值形成强烈对比。设计师使用自然的材料与元素来实现提出的"万物生金"的理念。几十元每平米的灰麻火烧板刷黑色亚光环氧树脂漆，水泥加黑色墨汁直接滚涂墙面。以前惯用的钢板造价太高不能使用，设计师将水泥板裁条染色，以达到非常好的效果。

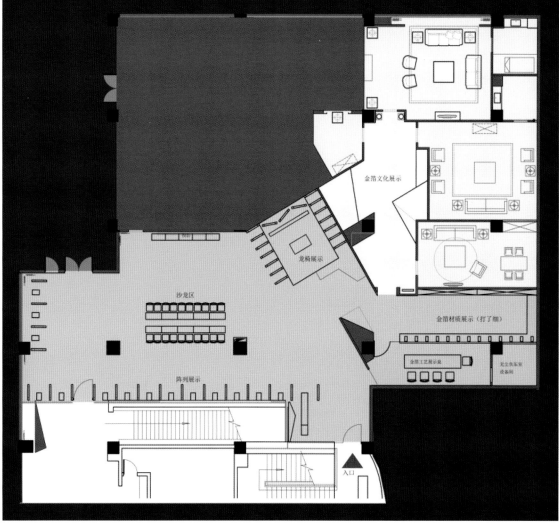

平面图

PRINCIPLE M 展厅

项目名称 _PRINCIPLE M 展厅 / **主案设计** _MOMO / **项目地点** _北京市朝阳区 / **项目面积** _200 平方米 / **主要材料** _混凝土

坐落于北京的服装定制品牌 Principle M 的新展厅设计，在一个白色的环境中安装了两个完整的玉石板材。玉石的自然纹理创造了视觉焦点，并为一个简洁及中性的空间引入暖色，以突出展示的时装作品。

天花板和地板，都是混凝土材质，白色的大尺寸家具穿插进它们所创造的水平表面。白色长凳分隔了空间上的环形空间，悬挂的柜子将展厅从办公区域分隔开来。

整个展厅的长度为 9 米，打破了空间的规律性。这一中性区域引导顾客体验整个制衣过程。当他们进入展厅时，这里接待并带领他们进入设计区域，顾客在这里遇见裁缝，并行走于织物样品之间。在前往试衣间的同时，顾客还可以观赏其他在展柜里展示的，可以佩戴的饰品。

轻薄的黑色钢轨被用来围合展示区域以及增加更多的悬挂点。对于悬挂式的橱柜，可以根据展品的不同安排不同的展示方式。

五盏定制的灯具，它的特点是相同的黑色钢材外壳和可调节的聚光灯，在水平和垂直的方向上排列。

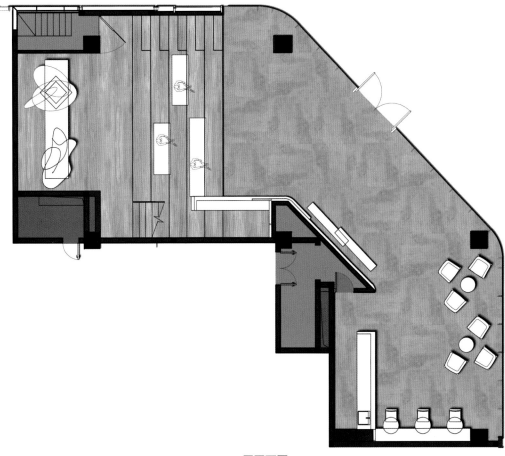

一层平面图

梦舞台

项目名称 _ 梦舞台 / **主案设计** _ 曾科 / **参与设计** _ 刘阳 / **项目地点** _ 四川省成都市 / **项目面积** _ 250 平方米 / **主要材料** _ 玻璃、不锈钢、艺术涂料

本案是一家弱电公司展厅,它的产品是不需要展示直观的外形的,也没有意义。设计要体现出功能的多样性和代入感。其定位和思路为:用抽象的线条和简洁的块面,加上智能的灯光和功能,去营造一种超出平常所常见的空间形式和表现语言,它将是纯粹的色彩、几何穿插的形体或线条。营造出的是纯粹的环境感,给人不真实的环境元素,这种不真实的感觉会促使顾客有体验的冲动。

空间布局是很受用限制的,局部层高甚至只能做到 2.2 米,局促的层高很难在空间的高度上去表达空灵的感觉。设计师在层次关系上做设计,划分出一黑一白的空间,同时运用感应的灯光去柔和这种冲突。业主的初步使用感很好,但还有较长的调整设备和适应感受的过程。

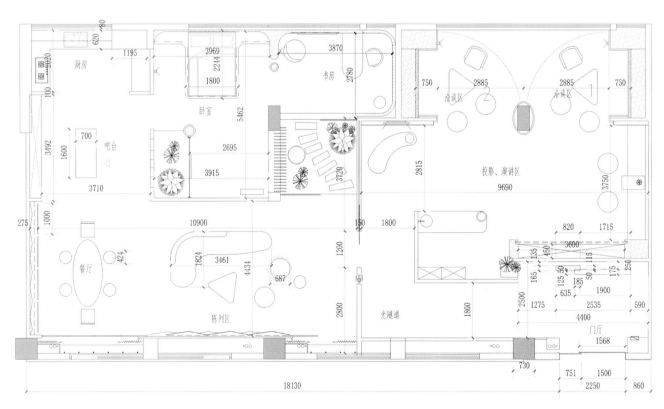

平面图

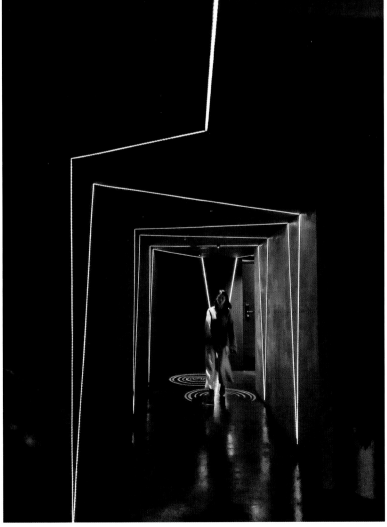

国珍雕刻艺术展示厅

项目名称 _ 国珍雕刻艺术展示厅 / **主案设计** _ 张孝意 / **项目地点** _ 福建省莆田市 / **项目面积** _ 1200 平方米 / **主要材料** _ 水泥及原木

弱化表层装饰，还原空间功能的本质应用。灰色调子衬托产品，烘托禅意空间。
动与静的分离，用廊道将展示与接待区域分开。

项目投资节省、环保节源，体现了空间的功能本质，实用且氛围好。

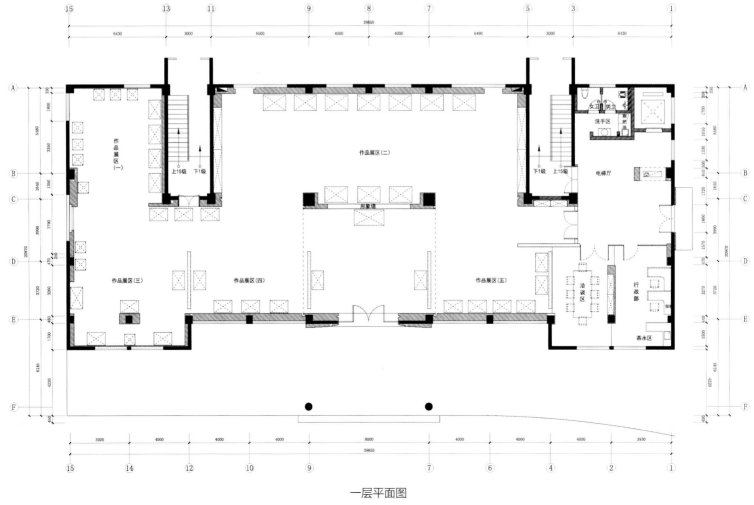

一层平面图

乾晖陶瓷新中式馆

项目名称_乾晖陶瓷新中式馆/**主案设计**_黎新贵/**参与设计**_郑志锋/**项目地点**_广东省佛山市/**项目面积**_2000平方米/**主要材料**_不锈钢、大理石

该项目是建材瓷砖企业的总部展厅，所以在设计之初设计师先对乾晖陶瓷品牌文化及产品做了一个解读。乾晖，顾名思义，带有浓烈的中国情结，在空间氛围中设计师尽力营造一种东方民族化的感觉，用现代中式表现手法，演绎奢华东方语境。

根据品牌的文化定位，本案设计师将传统的中式风格以现代的理念来重新组装，在传统中式装饰中提炼出简约的符号，以现代的手法加以表现，在强调品牌文化的同时，更注重展厅的时尚性，给沉重的古典中式设计带来一股清新和时尚，打造出一个现代奢华、让人耳目一新的现代中式展厅。

清晰合理地把形象公共区、产品展示区、产品空间模拟区、休闲文化区区分出来，动线明确有序。

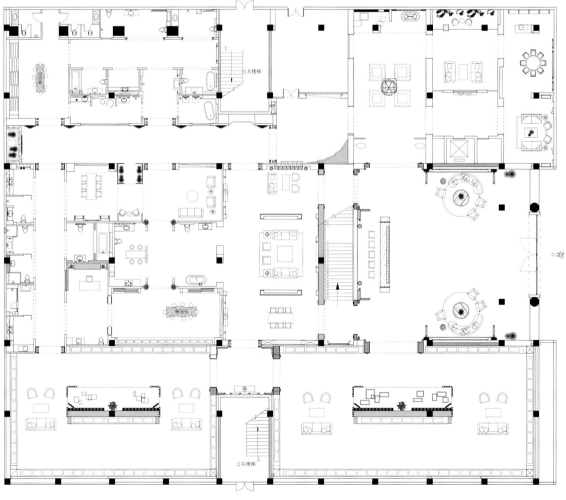

平面图

万科历史博物馆

项目名称 _ 万科历史博物馆 / **主案设计** _ 林镇 / **项目地点** _ 广东省深圳市 / **项目面积** _ 1700 平方米

历史馆由两个重点构成，一个是万科故事记叙展示区，一个是在馆厅中央部分的科技艺术展示区，两者的结合恰好能达到互补的效果，一方叙述万科不同时代的事迹，一方是让参观者感受到万科现在的进步与改变。

整个空间分为四个主题：历史馆、档案室、万科＋和未来馆。每个主题对应不同的空间设计。尽管是不同主题对应不同的空间设计，但总的氛围还是围绕着整个馆的主旨来营造，让人感受到虽有各自之精彩，但却不乏大体之融合。

这次万科博物馆的改造，和其他传统企业馆的设计手法不一样。首先它强调以人为核心的展览，所有的展示是以万科人的故事（住户、员工等）来串联，并不只关注万科的荣誉。另一点就是展示方法的再思考，如何结合事件、时间和人来组织空间，展品不是一个平面的死物，它们可以更立体和互动式的出现在参观者面前，让人们去认识万科的过去与展望万科的未来。

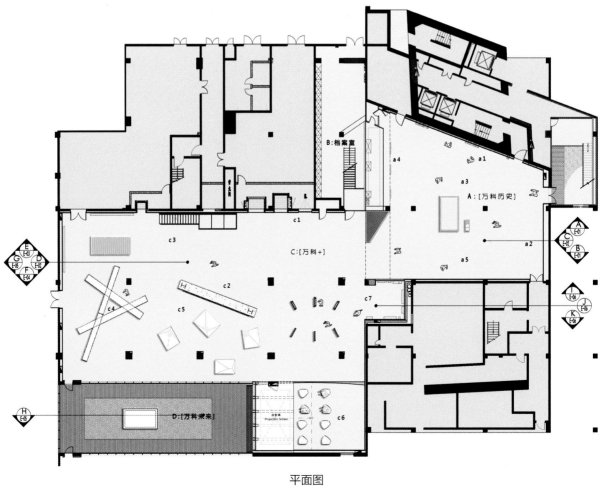

平面图

左右乾坤

项目名称 _ 左右乾坤 / **主案设计** _ 卢涛 / **项目地点** _ 广东省深圳市 / **项目面积** _ 540 平方米

展位是卢涛设计师为左右家私的乾坤系列家具所设计的，旨在体现中国传统家居的神韵。乾坤系列以简洁素雅的线条来营造中国传统文化的氛围。为配合乾坤系列家具的独特意境，设计师决定展位的整体以中国传统设计精神、当代中国人的生活方式为主题，展厅整体外观形象上，以白调极简形式烘托出左右乾坤系列家具的禅意韵味，展现中国建筑朴素、优雅的精神风骨。一步一景，俯仰乾坤，感受自然的大和谐，感悟生活的本我真谛。

布局上疏密有致，收放自如。中庭不吝空间，别有匠心，移自然之物，呈生活之趣。飞雪配青松，古典含新意，独特的造景手法使产品与展示空间融为一体，幻化出浩大的天地意境。在这特殊的世界里，观皎皎白雪、抚静伫青松，时光细淌，心有禅音，此景如画，画幻此景。屏风巧妙规整地分割出四周家具功能展区，前厅有客笑，饭室有欢声，书房有墨香，卧榻有亲语，每一区域间的新中式家具摆放都遵循着中轴对称的古法。现代气息交织着氤氲古韵，将观者从尘嚣中抽离，带入这方乾坤境地。

乾坤

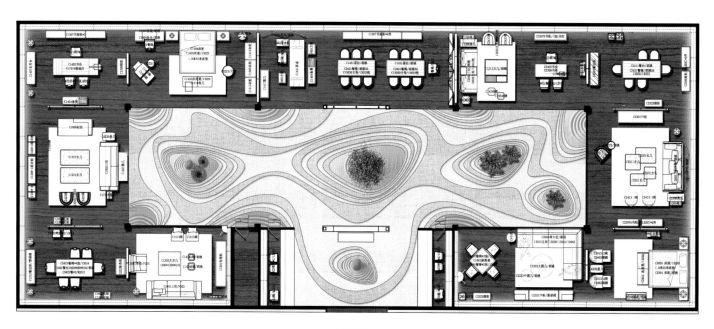

平面图

黄山市城市展示馆

项目名称 _ 黄山市城市展示馆 / **主案设计** _ 郭海兵 / **项目地点** _ 安徽省黄山市 / **项目面积** _8000 平方米 / **主要材料** _ 花岗岩、大理石、硅藻泥、艺术涂料、氟碳铝板、软木、户外木、软膜等

黄山市城市展示馆是面向中外游客展示黄山市城市形象、传播徽州文化的重要载体。展示馆位于中国安徽省黄山市屯溪区迎宾大道 56 号，毗邻黄山屯溪国际机场，与中国徽州文化博物馆、黄山市图书馆、徽州糕饼博物馆、中国徽菜博物馆、故宫博物院驻安徽黄山市徽派传统工艺工作站、黄山 • 向上创业小镇等构成安徽黄山现代服务业产业园优先建设区的文创组团。

空间灵感源于诗仙李白的著名诗句，形似巨大山石的异形墙体，让人感受到"黄山四千仞"的雄壮；墙体与空间之间的构成，体现出"丹崖夹石柱"的气势；前方宽大的台阶，体会到"攀岩历万重"的艰辛；超大落地玻璃幕墙，彰显出"碧嶂尽晴空"的气魄。意境营造提炼出黄山市的自然和人文特色元素，建筑的自然肌理来自于黄山石，黑白灰的展陈格调来自于徽州古村落及建筑的特点和风貌。

展示馆自 2017 年 5 月 28 日开馆至 7 月底，已接待观众近 30 万人，包括国内外游客、市民、学生、社会团体、企事业单位、中央部委及省市区领导等，普遍赞誉有加，特别是其中的"梦想云""无徽不成镇""梦立方"等重点展项已成为展览展示、文博文旅业内的"网红"，获得了社会各界的一致肯定。

广州番禺思科未来展厅

项目名称_广州番禺思科未来展厅/**主案设计**_黄瑞勇/**参与设计**_袁华、方雷盼、王松丽/**项目地点**_广东省广州市/**项目面积**_1200平方米/**主要材料**_刷漆墙、人造石墙、自流平地面、裸顶天花、部份造型天花

工业时代的城市空间中，建筑的不同功能由道路来连接。资源分配受城市规划限制，分配不合理造成空间、时间的损耗。

在数字化时代，人与人的沟通不再受空间和时间的限制，资源随着终端、网络和信息展示进行交流和共享。未来将是以最有效的方式进行资源共享。数字时代的城市是无边界化的，所以在展厅的空间规划中需要弱化各展区的边界，让展区更开放，打破常规的单一平面边界，更要弱化一个空间六个面的故有思维。而人工智能时代是实现单体的多元化，所以在展览媒介的设计上需要着重强调个体的多元效果。

最终的呈现效果是需要最终回归到人的个体上的，也就是体验者，因为一切科技的发展最终是以人为本的，脱离人的纯粹展示是没有生命的。

五月玫瑰总部展厅

项目名称 _ 五月玫瑰总部展厅 / **主案设计** _ 沈妃悦 / **项目地点** _ 广东省佛山市 / **项目面积** _ 600 平方米 / **主要材料** _ 瓷砖、铁艺、绿植

本设计主题命名为"斜"——也就是心中无"邪",创作由心,心中有"斜",创作有形,以斜避邪的设计理念。它是设计师的心灵寄语,也是作为五月玫瑰陶瓷品牌的形象诠释。做企业,立身要正,所以心中无"邪"。而作为展示空间的缔造者,又不能太过于传统和保守,作为一个设计师须有一颗"斜"思"歪"想之心,方才更能演绎现代展厅空间的诸多精彩。

设计师不是在五月玫瑰陶瓷有限公司设计了一个展厅项目,他更像是画了一幅"画"放在那里。本作品设计灵感来源于抽象派大师毕加索的名画作品"卡思维勒像"与"海滩上的两个裸女",大师的思想可能常人无法领悟,但表面不规则的块面组合,在不规则的形态中构成一种匀称和谐之美,这也许是常人在可以体会的。正是如此出现了"斜"这么一张不规则的平面布置图,并巧妙地在选材区融入了家乡的大海情怀,客人选材时像是走在沙滩上度假一样的休闲感觉。

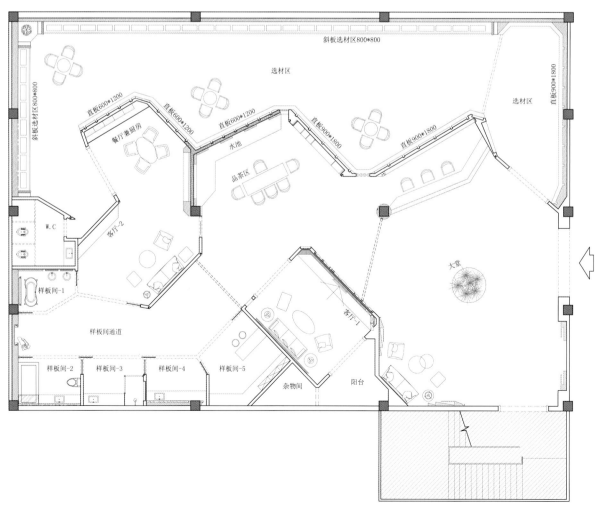

总平面图

Show flat & sales office

样板间 / 售楼处

北京居然顶层 "We-Home" 舒适大宅

项目名称 _ 北京居然顶层 "We-Home" 舒适大宅 / 主案设计 _ 孙少川 / 项目地点 _ 北京市朝阳区 / 项目面积 _ 170 平方米

本空间是为一青年海归打造的居住、办公两用空间。实现为生活所用，同时关照着使用者的内心。一切都简简单单在这展开，却又不断地出人意料。以"设计，对先于美"作为设计的核心理念，遵循低碳健康、舒适便捷的低成本、低维护的实用主义原则，把通过"近精微"的设计来提高施工效率和质量的理念放在首位，无论是"模数"与"规制"的运用，还是"露"与"藏"的设计在空间中的转换，都透射着先是功能上的"对"，才是在此基础上的空间中的"美"的主张。

捕捉中式元素的灵魂，研究当下中国人的生活方式设计，让设计融入生活。概念元素加入了中式建筑的中轴对称、广亮门、胡同、连廊、天井、影壁、美人靠等中式传统形式，构建起 We-Home 的整体格局。

设计的概念思源是"回"字，人生的旅程最终都要回家，而家的组成最起码是两个人，正如"回"字的两个"口"；"回"也代表着设计"回归"本原；从字形上解读，"回"形如中式院子包围着内部主体，从这三点出发形成本案的总概念。

外胡同一侧镀膜玻璃起到视觉上在空间中的延展，虚实相生。天窗下使用发光膜，能调配出上百种色光，给空间不同的光环境的体验。走道玻璃门选用了电光玻璃，透明、雾化两种状态满足住户的不同需求。卧室内，板下底灯取代了台灯与壁灯，避免灯罩的积尘问题，健康、经济且节省空间。卫生间的实木隔墙用温度设计改善了墙面的冰冷触感。

智能系统、地暖系统、空调系统、热水循环系统、水处理系统、新风系统、安防系统七大系统解决了生活中存在的问题，带来智能、舒适的居家体验。

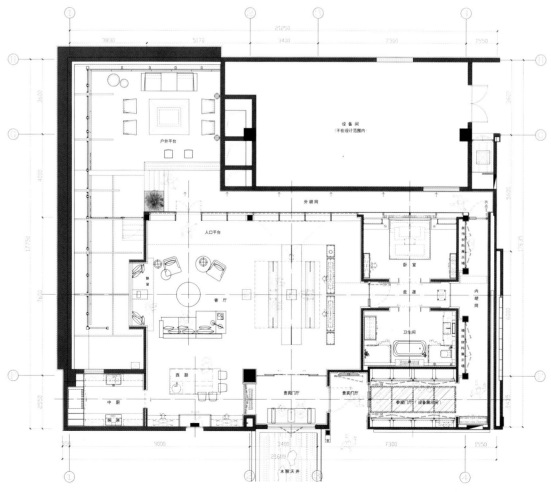

平面布置图

YOU+2.0 国际青年区
深圳旗舰店

项目名称 _YOU+2.0 国际青年社区深圳旗舰店 / 主案设计 _ 李汶翰 / 项目地点 _ 广东省深圳市 / 项目面积 _5000 平方米 / 主要材料 _ 大理石

在"房住不炒"的大趋势下，城市租赁业迎来了一个巨大的转型时期。从租到房，到租好房，再到租到心仪的生活方式，人们对于城市居住的认识，将慢慢提升为对整个城市生活价值的重新理解。对城市文化将以何种姿态成为生活方式本身这个命题，设计师通过一系列研究性的居住设计实践，试图去窥探未来。通过"活塞宅"，设计师探讨了北京蚁族极小公寓空间的分时利用问题。通过"胶囊家"，设计师思考了城市极端集合式胶囊居住的新的空间可能性。

在 2016 年，设计师有一个机会系统化地探讨一个真正完整的城市居住"有机体"，这就诞生了深圳元征工业园区的"天台之家"。原始的楼体是烂尾的工业园区中的一幢宿舍楼。经过多年的闲置，现已破败不堪。由于楼体一层至三层为其他商户使用，我们只能利用两部分现有的室内空间，第一个是一层一个独立的社区入口，第二个就是上面的三层至七层宿舍楼作为居住的单元。这就意味着，整个社区将不会有任何的公共服务空间设施。如何解决这个难题，我们发现裙房屋顶楼体两侧有两个巨大的天台，我们提出利用现有的天台，我们或许可以设计一个位于城市上空，能跑步、能看落日、能发呆的"天台之家"。

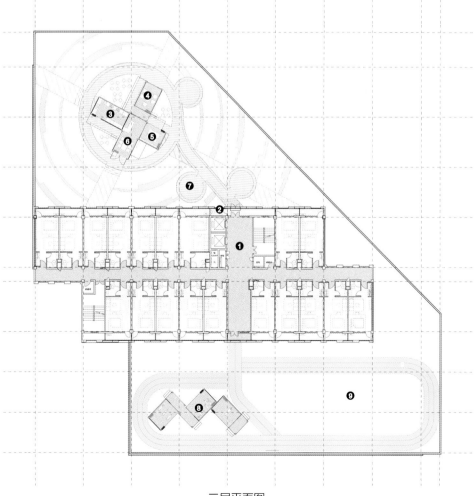

三层平面图

苏州高铁新城
MOC 芯城汇销售中心

项目名称 _ 苏州高铁新城 *MOC* 芯城汇销售中心 / **主案设计** _ 黄全 / **参与设计** _ 王义国、毛峻、夏炎、陈凤 / **项目地点** _ 江苏省苏州市 / **项目面积** _ *4000* 平方米

这是一个练结具有现代化信息的聚焦点，俯视空间里的视觉力，充满现代感的简约洗练，混搭着些许后现代的诙谐，在承载着互动与沟通的大型开放领域中，苏州高铁新城 **MOC** 芯城汇正展现着属于商业空间的沟通力与行销魅力，并延伸出符合资讯无缝的新世代需求下，以空间氛围来引导销售行为的手法，更加加速 **MOC** 芯城汇的活力与速度。

近四千平米的大空间中，整个天地面均质地散播着既华丽奔放，又大气横生的艺术氛围。配置在宽广的轴线空间中，寻着黄金比使劲地展现其样式张力。多座大型艺术品所带来的艺术治愈价值，在如此运作的艺术氛围中，理性与感性两者需求平衡的交互融合，驱使客户在价值力与认知感上，不断地被催化着。这是一个具有国际现代感的层次空间，吸引着南北交错的人们，走进一窥其优，探访在充斥各种冲撞美学的直横向轴线下，带给业主的奇迹将不断上演。

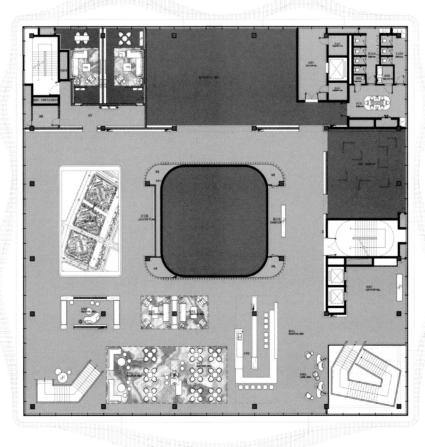

二层平面图

湘潭美的国宾府售楼部

项目名称 _ 湘潭美的国宾府售楼部 / 主案设计 _ 陈正茂 / 参与设计 _ 曾俊杰 / 项目地点 _ 湖南省湘潭市 / 项目面积 _ 1000 平方米 / 主要材料 _ 石材、木材

项目位置处于湘潭，历史上是湖湘文化的重要发祥地、中国红色文化的摇篮，有"小南京""金湘潭"的美誉。"湘中灵秀千秋水，天下英雄一郡多"，湘潭伟人、巨匠灿若星辰，都是设计师设计灵感的主要来源。空间当中的大灯寓意湘潭千年沉积，层层叠加，书吧的吊灯寓意伟人犹如天上的星辰一样多，人才辈出。

空间布局运用了中式的均衡对称手法，主要的空间——接待大堂及模型展示区都放在纵向轴线上，次要的空间放到了两侧横向的轴线上，这种展示形式是一种视觉的艺术。造型艺术中线的长短，点的聚散，光的强弱，色的冷暖等对比构成各种节奏与韵律。节奏和韵律的变化呈现在一定的条件下，会暗示出空间的变化和时空的推移。

平面布置图

都会心疗愈

项目名称 _ 都会心疗愈 / **主案设计** _ 傅琼慧 / **项目地点** _ 中国台湾 / **项目面积** _109 平方米 / **主要材料** _ 石材

这是你的家，也是你的旅程。

在黄色里坦白、分享，追忆初心。

在蓝色里沉静、感受，恬静如斯。

跳脱以往安全色系，大胆配色碰撞出新一代都会心疗愈。

最自由的莫过于待在家，最轻盈的莫过于待在家，因此设计师的设计挹注自由回游的空间动线，融入了减法生活的轻盈量体，成功将标准三房两厅格局转为恬雅闲适居家好宅。

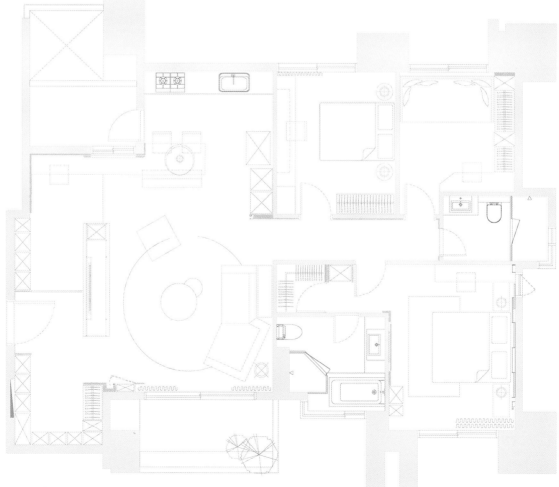

平面布置图

成都保利国宾首府

项目名称_成都保利国宾首府／**主案设计**_郭斌／**参与设计**_胡超、杨星、秦彦杰／**项目地点**_四川省成都市／**项目面积**_140平方米／**主要材料**_木材、石材

此案定位于新贵族精英阶层，崇尚极简的生活方式，对生活有自己的追求。诠释了"高级灰"的生活方式，在软装上注重层次感和整体协调感。

此案为上下跃层，兼顾了业主生活习惯的同时，让动静分离，干湿分区，动线非常流畅。本案选材以石材、木作、布艺、不锈钢为主，既能保证作品质量，同时大量的木作又起到低碳环保的效果。定位精准，符合新贵族精英阶层的生活方式，得到甲方的一致认可。

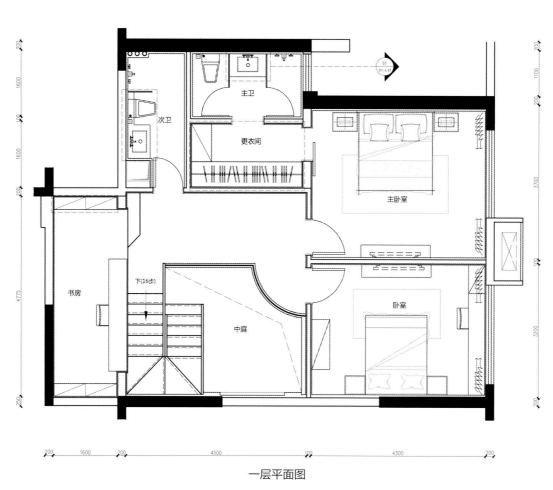

一层平面图

龙湖西宸原著别墅

项目名称 _ 龙湖西宸原著别墅 / **主案设计** _ 郭子伟 / **项目地点** _ 四川省成都市 / **项目面积** _540 平方米

龙湖西宸原著作为一座位于城市三环内的蜀韵府邸，特殊的文化与情怀需落实到生活中，而不仅仅停留在表面上。朴悦设计不仅延续了蜀贵含蓄、高雅的生活方式与礼制之道，提炼出经典元素加以简化和丰富，家具形态更显简约与流畅，配色以自然大地色系主导整个空间，再加以沉稳、静逸的灰色与蓝色作为点缀，营造安静、奢华的空间感受。

整体设计极力呈现别墅空间雅致、安静的力量。中式的内敛与成都的休闲文化相结合，山水纹石材增强空间的典雅之感，搭配现代科技的明火壁炉，让新派豪宅得到了全新的定义；对称的结构及陈列方式、木材料与竹装饰的运用体现中式的韵味与仪式感。不同程度的深浅色调搭配，显示出设计师对完美细节的追求和对气质格调的超凡把控。

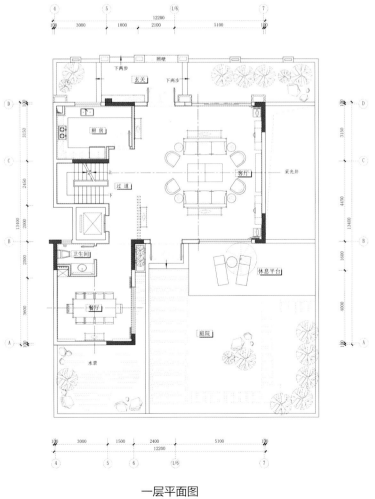

一层平面图

石头记——上海建发公园
央墅售楼处会所项目软装设计

项目名称_ 石头记——上海建发公园央墅售楼处会所项目软装设计 / **主案设计**_ 韩松 / 项目地点_ 上海市杨浦区 / 项目面积_2900 平方米

本案以石头记中石、玉等文化底蕴为依托，以中国贵族式建筑园林空间意趣的室内化为框架，从大观园的轩、馆、院、斋等建筑中提炼文化意蕴、色彩、艺术、布局、材质等为元素，通过现代东方禅意美学的组合方式，将尊贵、私密、自然、精神滋养等理念贯穿所有空间，呈现出纯洁高贵的意象之美。具体到空间，设计师借用大观园中的各位角色的居住空间以及性格特色浓缩成的各个极具文学美感的名牌与会所的各个空间一一对应。首先是首层的两间 VIP 室分别对应绛云和拢翠。绛云的门牌镶嵌云纹红玛瑙，室内软装以绛云轩为主题进行设计摆布，整体沉稳现代的中式家具跳跃浓郁的红色。而拢翠以翠绿翡翠玉石镶嵌门牌，整体在配饰上跳跃绿色。两间 VIP 室的配色反差以对应石头记中宝玉和妙玉在性格上活泼与高贵冷艳的气质对比。

一层平面图

天津兰栖墅

项目名称_天津兰栖墅／**主案设计**_李佳蔚／**参与设计**_胡家峰、廉开旭、孟超然／**项目地点**_天津市东丽区／**项目面积**_600 平方米

兰栖墅作为东丽湖畔唯一的奢华大盘，在设计上努力打造城市精英梦寐以求的理想生活。设计师以格调高雅的万豪酒店为精神文化范本，与之对应的空港区的发展精神，将高端的居住体验融入到每个客户的心中。兰栖墅定位奢华大宅，在软装设计上兼容并蓄，依托天津文化背景，借助万豪酒店的从容优雅、内敛沉稳的精神属性和艺术氛围，在现代生活审美的基础上，传承对历史记忆的颂扬。

静寂的东方主义和极简的现代精神相融合，构建了独树一帜的高雅格调。"和而不同，各得其所"是兰栖墅在家具布置上遵守的原则。适应空间尺度，强调和刻化家居的比例关系，演绎了空间的优雅和宽奢。设计师把艺术带入生活，在满足功能性的同时，释放格调的细节，不同的居室赋予了不同的主体，不变的是统一的艺术感和以诚相待的贵重。

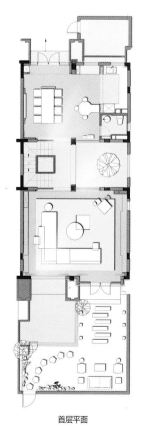

首层平面

二层平面

三层平面

平面图

儒雅素风存

项目名称 _ 儒雅素风存 / **主案设计** _ 卫周敏 / **参与设计** _ 汪延续、张雪、王伟伟、陶婷婷、胡奕旸 / **项目地点** _ 安徽省合肥市 / **项目面积** _ 350 平方米 / **主要材料** _ 木材、石材

根据该户型产品的营销定位，对样板间的居住者进行了人物设定——男主人是有文科情怀又不失理性思维的工业产品设计师，女主人是爱好古琴和国学雅集的大学教师。夫妻二人温文尔雅，注重生活情趣，对于家居格调档次要求较高，生活美学素养方面各有不俗的造诣。遵循孝道的他们，选择了三代同堂的居住方式，对孩子的教育也有独到见解。由此定位，以新中式风格，来展现户型产品的价值。创意源于唐朝徐铉"韬钤家法在，儒雅素风存"的诗句，在新中式风格基调上略加变化。

方案主色调为灰黄色，家具配色倾向深沉，和整体平和静气氛围融为一体。橘色皮椅和深红枫叶花艺的提亮点缀，如写意水墨画卷上妙笔轻洒出的颜料，营造出宁静内敛且蕴含温暖、不失生机的中年、中产、中式逸居空间，让"儒雅素风存"的创意得以充分显现。业主认为该方案不但解决了原始户型的各项问题，而且灰黄色的主色调，让中式风格更加有温度。设计师采用尺度、动线、色彩、陈设等设计语言，为居住家庭营造了一个内敛、儒雅、有仪式感的爱的空间。

作品中大量使用了写意的山脉构图，诠释"写意寄情、见山见性"和"仁者乐山"的设计情怀，也体现出设计团队对"中产、中年、中式"生活方式的独到理解。

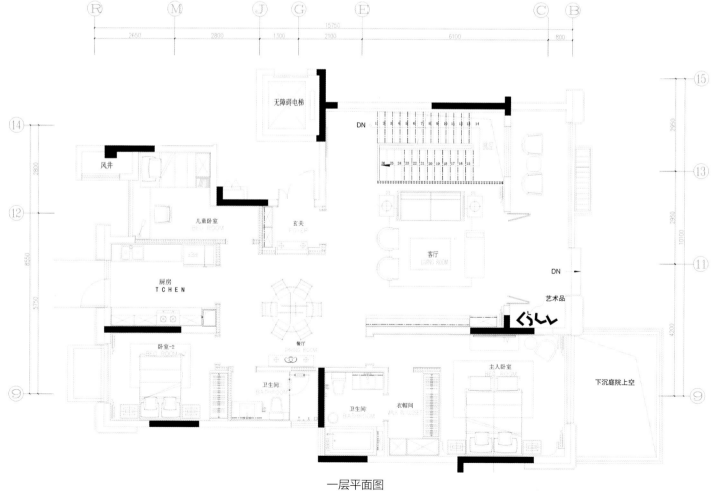

一层平面图

成都万华麓湖生态城
C13 样板房 A 户型

项目名称 _ 成都万华麓湖生态城 C13 样板房 A 户型 / **主案设计** _ 李剪梅 / **项目地点** _ 四川省成都市 / **项目面积** _117 平方米

客、餐厅以简洁示人，硬朗轻盈的线条感凸显出经典与现代的交织，米白色的饰品与绿色植物弱化了整个空间的硬朗。书房采用线条简洁、造型柔美的家具，配合几何形体的摆设，在动与静之间给人稳定的感觉。过道尽端流水造型的墙饰，配合顶部的灯光，让整个狭长的空间充满灵动性。色彩的礼赞是找寻世界最初的样子途中最美的风景，儿卧以宝石绿为主色调，加入了纯铜的复古金属感。主卧色彩克制而不显突兀，以稳定的大地色系为主，充满温度质感的毛毯与方枕，以精致、讲究与克制构建一个雅痞绅士的居住空间。

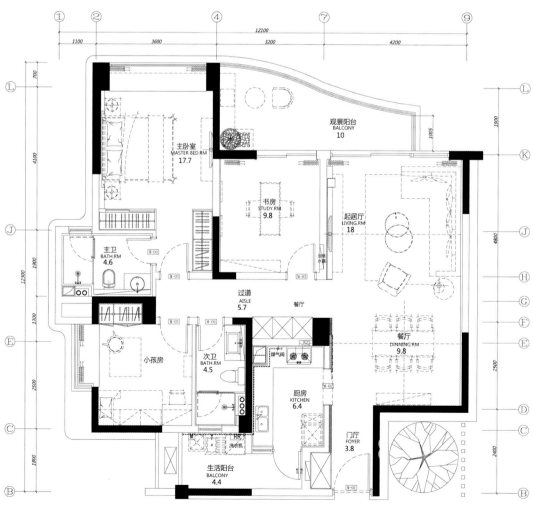

平面图

张家口孵化器招商中心售楼处

项目名称_张家口孵化器招商中心售楼处 / **主案设计**_刘旭东 / **参与设计**_贾江、高原、王婷婷、史航 / **项目地点**_河北省张家口市 / **项目面积**_458平方米

设计师希望在精神层面上呈现中国文人对于文化的理解，用特有的方式来体现新中式风格沉稳的气质，以东方人特有的美学观念控制节奏，以舒缓的艺术境界来展现东方人特有的情怀，进而承载人文情怀。用国际化的手法表达当代中国文人的精神和居住生活，项目中的中式不一定是用中式格栅去传达，而是想在客户体验中通过移步换景的转换带来戏剧性的对比，来体现东方的禅意境界。为了室内外设计风格的协调一致，在售楼处室内空间设计上，亦采用新中式设计手法，运用现代物质与中式家私、屏风、瓷器、木雕等东方元素，将空间的大气、趣味以及东方神韵，完美地呈现出来，使客人在购房时轻松感受空间中的人文气息。地面石材的概念来源于自然石材的沧桑感，是一种具有自然气息又很有品质的材质，石材是酸洗面，材质运用上希望有一些手工工艺的存在，达到回归中国传统手工艺的感觉，让材质更有深度和韵味。驻足停留片刻，细究整个空间内每件器物给人的感觉并没有很明显的东方元素，材质的运用也颇具现代气息，但经过设计师的一番搭配之后，器物间的相辅相成巧妙地造就了新中式的高雅意境。

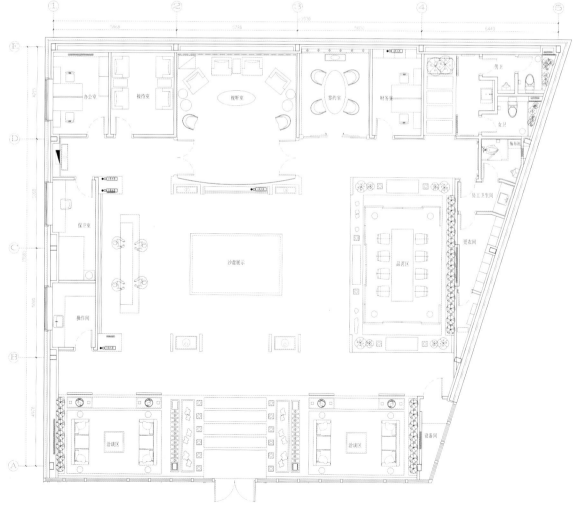

平面图

星湖湾文景园

项目名称_星湖湾文景园／**主案设计**_毛立超／**项目地点**_江苏省泰州市／**项目面积**_125平方米／**主要材料**_经典皮质、大理石石材

畅想业主在外是精明能干的老板，在家是细心体贴的爸爸与丈夫。兴趣爱好广泛的他，打打高尔夫，玩玩马术，煮一杯咖啡，倒上一份红酒，煎一份牛排。生活本该是如此细腻与享受。

客厅采用经典橙色，是鲜艳高调的奢华，背景墙金色边框的线条搭配生动鲜活的背景画，提升整个空间的立体感觉。具有时尚造型的金色灯具，给整个房间增加了更多的生趣。用材为经典皮质与大理石石材，都是环保材料。后期装饰效果好，样板房促使楼盘整体销售好。

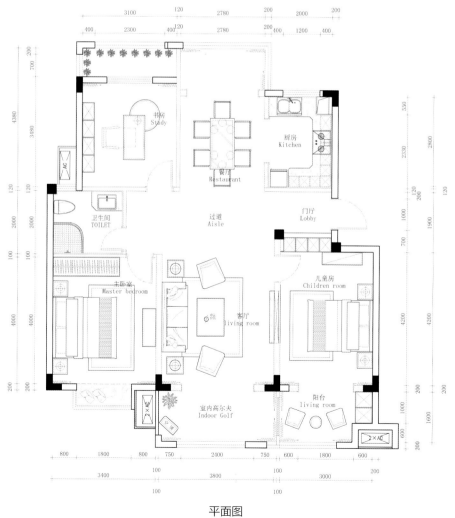

平面图

成都华润金悦湾二期
A1创意样板间

项目名称 _ 成都华润金悦湾二期 A1 创意样板间 / **主案设计** _ 欧阳金桥 / **项目地点** _ 四川省成都市 / **项目面积** _ 185 平方米 / **主要材料** _ 大理石

本套样板间客户定位为高品质追求。户型方正常见，现代法式风格，白色木作墙面调性高，为套四格局。整体风格定义为现代轻奢法式，活动家具稳重又清爽，与硬装整体匹配。业主们非常喜欢这套样板间，和整个楼盘定位搭配的很到位。设计风格鲜明，定位轻奢，护墙板大量使用提升了整个大厅区域的档次和明度。其中，护墙板镶嵌金色金属铜条做工精细，经得起细看。无论是设计整体还是局部细节，都展现出设计师对用户需求的推敲。成都需要这样的设计，能够带动整个成都地区的生活质量、客户审美的提高。

Villa

别墅空间

自宅

项目名称 _ 自宅 / **主案设计** _ 陶磊 / **参与设计** _ 陈真、李京、张婧泓 / **项目地点** _ 北京市顺义区 / **项目面积** _ 600 平方米 / **主要材料** _ 实木、铝板

在这个独立的世界里，空间充分自由伸展，如同抽象的山水。用几何空间表达的山水意境从下至上、从左至右，可以自由的游走，不同的情境之间亦随之转换。行走其间，可以最大限度地感知新建筑带来的自由与舒展。在这里，建筑没有任何制约，它只是拓展了生活的可能，实现了比改建之前的空地还要自由而且更加舒展的状态。在这个具有连续性的空间中营造出了多维的场所，这些介于室内外之间的灰色空间使得场所具有多重层次的特征，孕育出丰富的空间起伏。也正是由于这种起伏和空间明暗控制，住宅空间才得以既分开又联系，实现各种空间片段之间的切换，使其更有生活的戏剧性。

建筑并非单纯营造内部空间，也不是一味地构筑外部结构，而是在内部与外部之间营造内涵丰富的场所。这个住宅尽可能地将原有建筑的地板、墙体、顶板与外部构筑对齐，只有一道玻璃来隔断温度，力求内外统一性。追求内与外的统一性是为了让室内可以更直接地感受到自然的存在，室内空间除了必要的功能和材料之外，无需任何多余装饰。所谓居所，不过是在自然环境中建立起对人具有庇护作用的构筑，但不应因此失去对自然最直接的关联。在这里，巨大的"外罩"将一切混合在一起，自然与人工环境变得模糊，衍生出了新的境界，从而超越了自然。建筑不再是隔离人与自然的装置，而是二者的连结体。

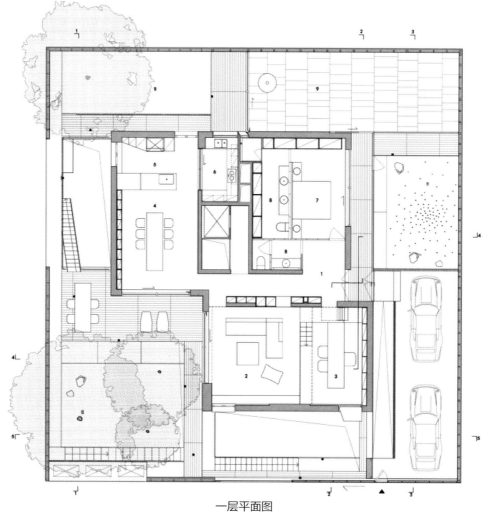

一层平面图

VILLA R

项目名称_VILLA R / **主案设计**_李炯峰、金禹岑 / **项目地点**_中国台湾 / **项目面积**_700 平方米 / **主要材料**_地材 - 云顶灰、白木纹、十里米黄、海岛型橡木地板、海岛型胡桃木地板，墙面 - 胡桃木纹美耐板、栓木木皮、木纹砖，天花 - 硅酸钙板

融山入境。

此案位于宜兰头城山间，视野辽阔，可远眺龟山岛。优雅宁静的居住环境，透过动线、布局，让光影成为主角，并将空间融入自然。

VILLA R 的设计，起源于尊重环境，透过基地、建筑配置与开窗的方式，与自然产生对话。

引入生活中的日常，以活动的家具及家饰为主体，运用台灯、立灯、壁灯呈现空间层次感，减少人工光源，将自然景致引入室内，而空间装饰则隐居背后，展现 VILLA R 屋主的独树风格又兼顾"住家"应有的温馨。

以多元风格为走向，借由不同的空间型式，使喜爱"家聚"的屋主，满足喜好各异的客人，有宾至如归之感。

VILLA R 私宅位于半山处，为克服山间潮湿问题，建材多采用抗湿气，且亦保养的材质做处理。

起居室平面图

一亩暖阳

项目名称 _ 一亩暖阳 / **主案设计** _ 陈文茵 / **参与设计** _ 邱佩萱 / **项目地点** _ 中国台湾 / **项目面积** _ 396 平方米 / **主要材料** _ 木质、红砖、黑色陶瓷烤漆

若把工业风的冷冽比喻成冬日，这空间则是冬日中的一亩暖阳。

迈向彼端，便能一眼望尽，在宽敞的空间里不受任何格局的限制，享受着游刃有余的舒适环境，感受每分每秒宁静的片刻，体会到的将是生活故事的序幕。

如果花朵没有蜜蜂的存在，它始终只能成为一朵未有结果而凋谢的花，而我们为这个空间放入的正是工业风最缺乏的元素"温度"，天与地无形中一寒一暖使这两种不同的材质相互调和而成有温度的工业风。

透过有温度设计的润饰，让昔日充满工业风格的铁件有了新的存在价值，好比寒风遇上暖阳，当我们跳脱出刻板的思维想法，形成的不毅然是排斥，而是将会涌现出更多不同的簇新，在暖阳的照射下也将会擦出不同的火花。

以冰冷铁件结合富有温度的木质，细腻的手染清水模及红砖文化石取代粗犷裸底的水泥墙，平滑质感的黑色陶瓷烤漆更赋予门片、面板颠覆不同于以往的视觉与崭新面貌，拥有丰富层次却不失利落，呈现出工业精神中的独特性。

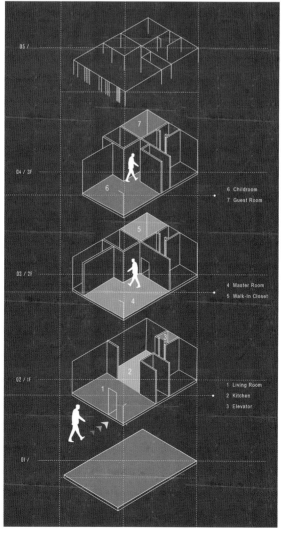

6 Childroom
7 Guest Room

4 Master Room
5 Walk-In Closet

1 Living Room
2 Kitchen
3 Elevator

平面图

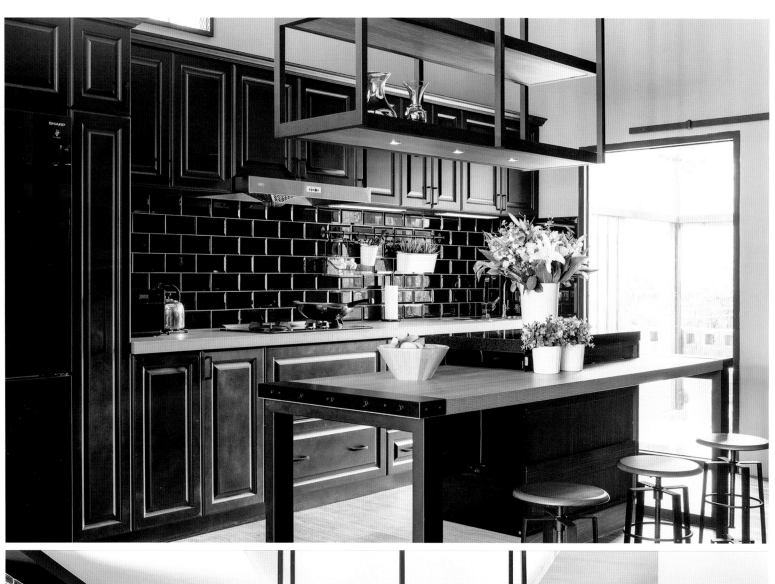

朴·蕴 – 琴溪 36 号 – 金宅

项目名称 _ 朴·蕴 - 琴溪 36 号 - 金宅 / 主案设计 _ 胡建 / 项目地点 _ 浙江省台州市 / 项目面积 _ 600 平方米 / 主要材料 _ 木材、石皮、壁布、乳胶漆

朴：实而不华；蕴：含而不露，宽和涵容。

业主金先生辛勤耕耘事业的背后，家始终是他的支柱和动力。身处这个过于躁动的时代，金先生向往一种返璞归真的生活方式，风雨不惊，安然自在。

当设计师认真倾听业主这份诉求后，对人生相同感悟的火花即刻迸放出来。以实而不华，含而不露的气质作为构思起点，借由东方智慧及禅意贯穿于建筑外观至室内之间的设计方向。

设计师深谙设计中"放"与"收"的辩证关系，在本案中的"收"为主体设计语言，采用常见之木材、石皮、壁布、乳胶漆等作为装饰主材，倾力打造一种阅尽繁华，生看云起的朴素质感，于平凡中见动力，于细微处见格局。整个一楼区域善用延伸的空间架构，远近位移，内外隐现，互为框景。厨房天花造型则在西式厨柜空间引入中式的屋顶元素，隐藏的木格隔栅移门让餐厨空间"隐""现"自如。室内主体楼梯直白大气，以雕塑般的稳重质感连接二、三楼区域，楼梯间的吊灯造型与室内格局摆设相得益彰，形成听风观雨落的空间感受。可说风情皆藏于细节之处。二楼主卧等区域，风格、色彩及元素仍延续一楼调性，空间感和隐私度被拉展开来，注重人文精神及身心放松的功能进一步放大。

纵观全案，空间的分割串联，材质、色彩的运用，设计师都表现出了"举重若轻"的创意能力，带来了无形却有意的空间感受。

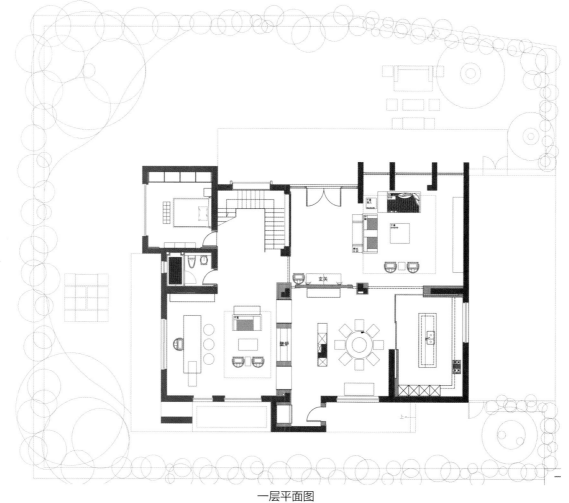

一层平面图

韵·心宿

项目名称 _ 韵·心宿 / **主案设计** _ 黄毅 / **项目地点** _ 福建省福州市 / **项目面积** _380 平方米 / **主要材料** _ 整体木制品、全抛釉瓷砖、复合实木地板

以高级灰作为基调的居住空间里，一些有趣且色彩饱和的陈设点缀其中，它们似乎在诉说着一种不可名状的灵动和自由。

在保证空间功能的完整性和主次关系的前提下，目之所及处不张不扬，一切都在画面中相依而存，有序而生，让视觉达到某种平衡。

区域的大小、疏密、隔断方式带出的节奏以及次序感，都在这个聚着灵气的空间中敞开动人的一面。丰富且不均匀的肌理使整个空间看上去颇具创意，又在情理之中。极具个性色彩，空间宽敞舒适。

一层平面图

掌控与自由

项目名称 _ 掌控与自由 / **主案设计** _ 蒋聪 / **项目地点** _ 江苏省无锡市 / **项目面积** _450 平方米 / **主要材料** _ 墙面以木为主

"掌控与自由"是本案的设计主线。本案是由是 40 岁出头、爱打高尔夫、事业有成的个性业主，与而立之后更加热爱生活的设计师，在好感与信任的基础上，共同创造的一个沉稳大气中透着活泼与明朗的作品。

本案紧邻环太湖湿地生态博览园东端，南面太湖，距湖岸线仅 500 米，考虑到与周边环境的呼应，在室内美式风格的基础上，加入中式禅意生活元素。

本案的空间布局建立在两套联排别墅打通后的基础上，充分利用自然采光将空间的互动更加紧密，在功能布局上满足业主掌控全局的人生态度，在具体细节上又顾虑到他浪漫随性的生活习惯。餐厅与厨房紧邻庭院，居住者可以在自然中享受最惬意的家庭休闲时光；灯光的处理透漏设计师细腻的小心机，以分散而柔和的光线呼应每一个空间，让深色系的木饰面也变得活泼而俏皮，生活的温度跃然而出。

考虑风格及周边环境的因素，选材没有追求过度的奢华，墙面以木为主，体现居住者功成名就后对人生的掌控和对生活的理解，自由才是最棒的掌控全局。

业主感言：居住空间要有着与居者相同的气质与态度，居住在与自己三观相同的空间里才可以做最真实的自己，时而沉稳严肃、时而挥洒自如。

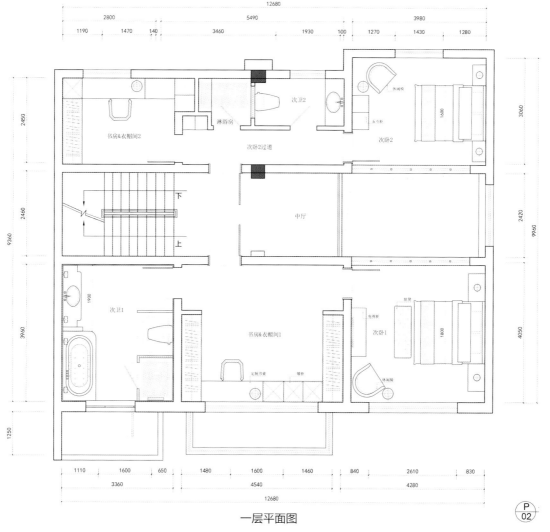

一层平面图

中瑞曼哈顿陈公馆

项目名称 _ 中瑞曼哈顿陈公馆 / **主案设计** _ 姚小丽 / **项目地点** _ 浙江省温州市 / **项目面积** _ 350 平方米 / **主要材料** _ 大理石、实木地板

由于男业主从事服装面料生意，具备较高的生活品味，他希望自己的家是美感与奢华并存的现代主义调性，并能雅俗共赏。因此，将本作品最终定位为具有艺术品质的现代雅奢风格，并坚持"以人为本"的设计理念，促使东方空间美学与现代生活方式的完美结合，体现出当代人的生活智慧，创造一个放松心灵的温馨居所。

现代风格中的"雅俗共赏"，不仅仅是停留在感官上的体验或者某种文字概念性的东西，而是一种兼具美感与功能性的有机整体，寻求物质与精神的平衡。为了能够获取更多的灵感，我不断想象自己在这个空间里面生活的场景，在空间、材质、色彩、光线等方面进行综合协调、考虑，致力于呈现出具有自然与艺术气息并存的现代家居环境，为客户提供舒适的居住体验和极高的精神享受。

本案是地处温州江滨路段的一个二楼跃层户型，总面积350平方米，虽然三面采光，但是楼层低矮，南北距离狭长，空间琐碎，房间窗梁又大又低，在深入了解客户对空间使用功能的需求后，我决定打通原有各空间，将其重新组合，并把几个空间进行向外扩展，并额外增加了些附属空间，比如攀岩区、健身区等。在把整个空间布局重新归整之后，将大量自然光线得以引入室内，利用天然的光影效果丰富了空间的层次感。结合高级灰的包容性以及智能灯光和背景音乐的辅助配套，最终打造出一个开放、高级、富有乐趣的现代居住空间。

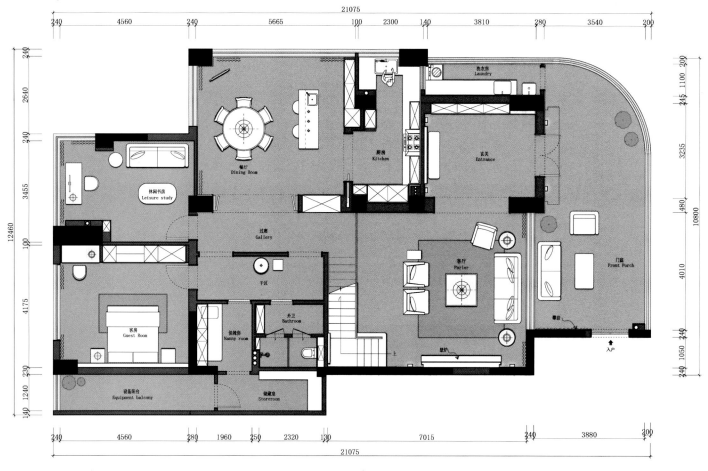

一层平面布置图

国奥村江景别墅

项目名称_国奥村江景别墅 / **主案设计**_梁瑞雪 / **参与设计**_吴杨武 / **项目地点**_重庆市九龙坡区 / **项目面积**_700平方米 / **主要材料**_薄片砖、实木

空间设计上，"江水"理所当然成为主要元素，地面墙面都用具有抽象图案的材料来表现这一主题。客厅做了一整面巨大的屏风状造型墙，使东方味道更加突出和肯定。与室外接壤的空间都遵循开阔通透的设计思路，尽量把室外景色引进室内、或与之呼应，而在中间的楼梯间部分则用温暖的木质墙板平衡空间的分量和温度。

根据业主家人比较多的实际情况对平面布置进行了比较大的改造：老人房和厨房餐厅安排在平街层以方便老人；两个儿童房配备了一个不小的花园，让儿子和女儿可以在大自然里学习和成长；客厅、休闲区和主卧进行了部分加建，面积充裕的同时使功能更完善。

重要空间我们都安排在了临花园或者临江的地方，使其风景优美、光线充足、通风良好。对楼梯进行了大刀阔斧的改造，设置不重合的楼梯路线，使原来狭窄局促的楼梯彻底改观，变得宽阔大气，并承担了"镇"空间的作用。

公共空间尺度较大，我们在墙面局部使用了与之尺度相配的超大尺寸的薄片砖，砖上面精彩的云纹与户外的江景很好地互相呼应，营造出水天一色的效果。顶面用19个大小不一的灯来丰富空间。因为空间面积较大，为控制造价，我们对材料进行了比较合理的分配，用量少的局部使用比较高档的材料，体现项目的品质感；而在用量大的地方使用经济实惠的材料。所有木制作都使用低碳环保的多层实木。

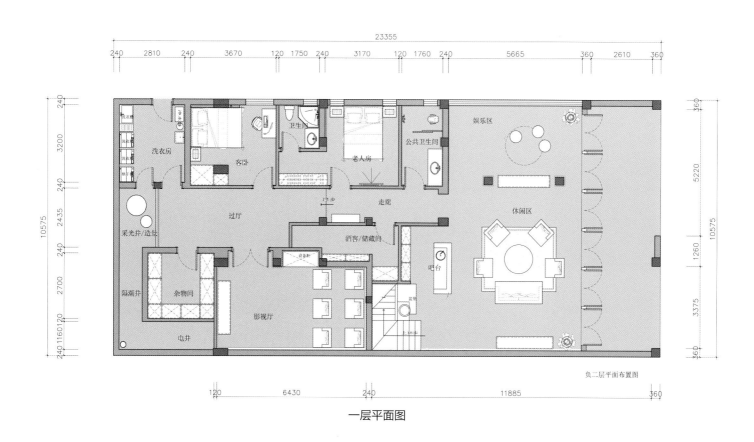

一层平面图

北京壹号庄园别墅项目

项目名称 _ 北京壹号庄园别墅项目 / **主案设计** _ 罗伟 / **项目地点** _ 北京市昌平区 / **项目面积** _800 平方米 / **主要材料** _ 黑钢、胡桃木、花非花，珊瑚海、金香玉、爵士白石材

新中式与现代的手法结合的设计风格，空间感要开阔，具有一定仪式感、空间展示性，材质要求环保、显品质感，空间动线流畅。

设计对文化细细挖掘的同时，近而研究人的生活方式与自然、空间的互动关系，摒弃繁复的装饰手法和惯性的陈设布局习惯，艺术性的表达空间和人的微妙关系，使人与使用空间、物品产生舒适的共鸣体验。

以现代中式的风格为出发点，选择一些深色暖色的木饰面，搭配一些浅色的石材，达到色彩对比的效果，从环保角度出发，墙面大量选用马来漆作为饰面材料，其次通过造型及灯光，营造多变的具有层次感的空间氛围，局部再点缀古铜钢马赛克，凸显空间独特之处。

一层平面图

九里兰亭——掬翠园

项目名称 _ 九里兰亭——掬翠园 / **主案设计** _ 宋必胜 / **参与设计** _ 薛传耀、杨陈丹、金跃 / **项目地点** _ 江苏省南通市 / **项目面积** _ 896 平方米 / **主要材料** _ 云多拉灰石材、奥特曼米黄石材、玉石、尼斯木饰面、玫瑰金不锈钢

本案融合新中式元素，是现代与传统文化的结合，是东方与西方文化的融和，现代元素结合苏派中式园林之美，使本案更为丰富地诠释空间，置身其中，细节之处感知中国文化的底蕴。

本案在空间布局上，容纳了私宅一切能够拥有的功能。多样化的功能区相互呼应，在这苏派造园围合之境的空间里，多样化的功能区相互呼应。既保证每个空间的独立性，又有空间的连贯性。中厨、西厨、酒窖、影音室、干湿蒸室、台球室等等空间，在提升生活品质的同时又将我们想要把现代和中式元素结合的想法很好地融入在这些空间里，实现丰富多样的居住环境。

本案采用云多拉灰石材、奥特曼米黄石材、玉石、尼斯木饰面、玫瑰金不锈钢等材料，云多拉灰石材的云丝纹纹理搭配米黄色奥特曼石材，一种现代黑白之色搭配传统中式的淡雅色调，同时石材的材质质感能够给空间带来大气奢华之感。尼斯木饰面和玫瑰金不锈钢的结合更是中西方结合，木饰面的自然沉稳和金属材质的奢华精致在空间里相得益彰。

绘景观之奇，私家园林的缔造者。奢豪宅第，大显苏派造园围合之理。进得门堂，西首以曲廊相连，与其登堂入室，不妨闲廊信步，转水榭，抵角亭，一路观池鱼、听荷风。亦或轻折浮水曲桥而过，循入山石俊朗、草木秀织的隽永灵动之中。足不入户，已然醉了三分。仿佛置身于苏派贵族园林之中，多样的空间尽享生活的美妙。

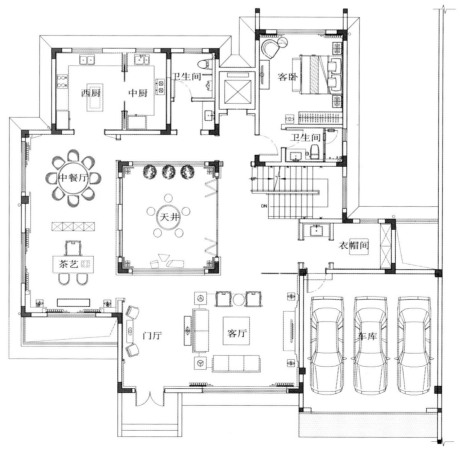

一层平面图

雅墅·心居

项目名称 _ 雅墅·心居 / **主案设计** _ 王重庆 / **项目地点** _ 福建省泉州市 / **项目面积** _355 平方米 / **主要材料** _ 大理石

这个楼盘面对的消费群体大多是中小企业的群体，需要空间的利用率和性价比非常高，在原有的空间布局上把挑空层使用起来，增加室内使用面积的同时也注意到光线的充足和通风，把平常时的生活空间最大化，包括会客区、休闲功能区域，使这个别墅项目的性价比达到最理想化。

传统别墅的布局大多都是门一打开，看到的都是很大的客厅空间，虽然可以给人带来空间感，但我个人觉得还是有缺陷存在的：因为一进门很大的空间感让人一览无遗，不能给人一种想要继续探寻的欲望，然而我们这套的设计是在一入门首先映入眼帘的是一条艺术长廊，因为这套别墅的业主是比较喜欢收藏艺术品的人，我们根据业主兴趣与爱好，先是设计了一条艺术长廊，再来是经过休闲空间和客厅，这也是和传统的别墅不同的地方，同时也设计了很多隐藏门和隐藏柜体，在不经意间推开一扇门让人感觉一道新的风景，也让人感觉设计的乐趣所在，有种魔术空间的惊喜。

从整个设计风格来看，选材是用的大理石，但是现在有大理石通体砖出现，我们建议业主去使用通体砖，和大理石对比通体砖是比较环保的，而且耐磨度非常好，也不影响整个设计的风格，设计其实还是从颜色、灯光和软装来体现别墅的格调，也省去业主日后维护大理石的烦恼。

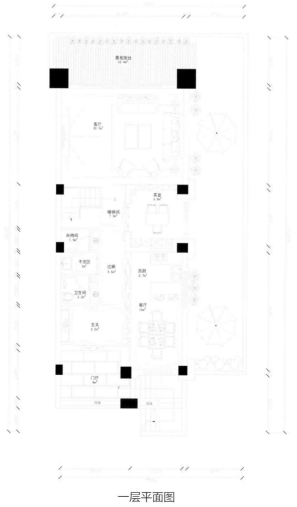

一层平面图

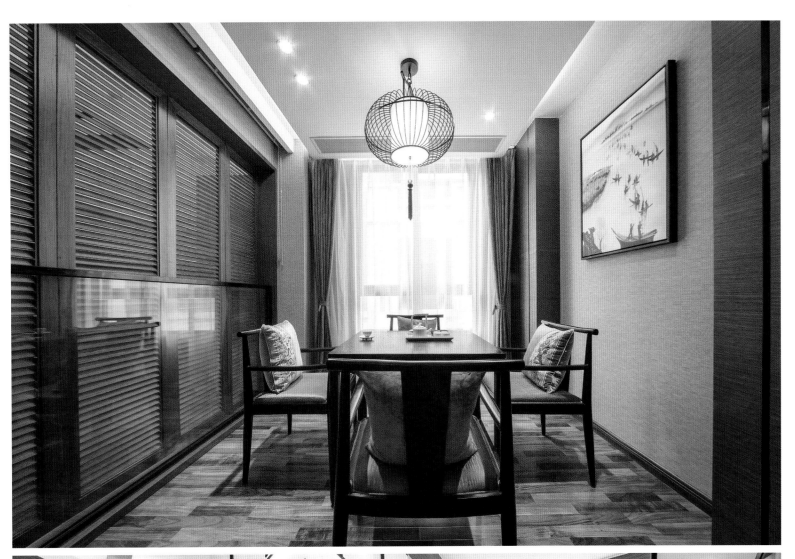

昆明山水湖畔度假别墅

项目名称 _ 昆明山水湖畔度假别墅 / **主案设计** _ 徐义祺 / **项目地点** _ 云南省昆明市 / **项目面积** _350 平方米 / **主要材料** _ 就地取材

本案远离市区，地处阳宗海风景区，驾车大约五十分钟路程，环境优美、宁静。小区处于海边略微山形地势，户型采光通风均良好。三楼风景最佳可直面阳宗海。设计以满足业主需求为最终目的。客户提供了一句诗词为整个项目定调，"碧空皓月，一帘白帏霜，青石上泉，几杯红叶染！"

在古今人居环境中，竹作为一种设计语言，有着非常重要的意义，清雅淡泊，是为谦谦君子。常以神态仙态，潇洒自然，素雅宁静之美，令人心驰神往；以虚而有节疏疏淡淡，不慕荣华、不争艳丽、不媚不谄的品格，与古代贤哲"非淡泊无以明志、非宁静无以致远"的情操相契合。

别墅分为地下一层，地上三层，业主从事红酒事业，此别墅除度假休闲功能外，兼顾轻度会所功能，一些私人红酒主题酒会，地下层为娱乐活动层，一层为商务会客、餐饮，二楼、三楼为居住层，动静分离，卧室床头的马头墙来源于粉墙黛瓦的演变，删繁就简，符合现代人的简洁观念。马头墙和木质格栅顶结合如犹如自然天成。天边树若荠，江畔洲如月。床头一幅明月枝头道尽主人淡泊明志般的心境。

隐去传统中式繁复沉重的设计表现，用减法来表达东方元素。简洁的栏栅屏风，由竹的形态延伸而至，减去具象的形态，点到即止。客厅与餐厅高低错落，既明确了空间界限，也体现东方意境疏浅高低的空间布局。人物动线清晰简单，无多余的拐弯抹角，围绕简居简行的中心，是现代人居环境一种新的尝试。

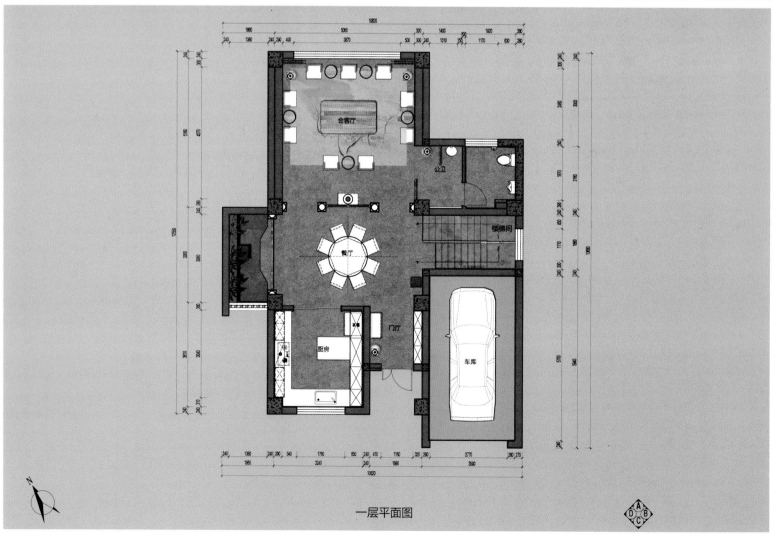

一层平面图